标准化乌骨鸡场

标准化乌骨鸡舍

乌骨鸡典型特征

凤头

胡须

绿耳

毛脚

桑葚冠

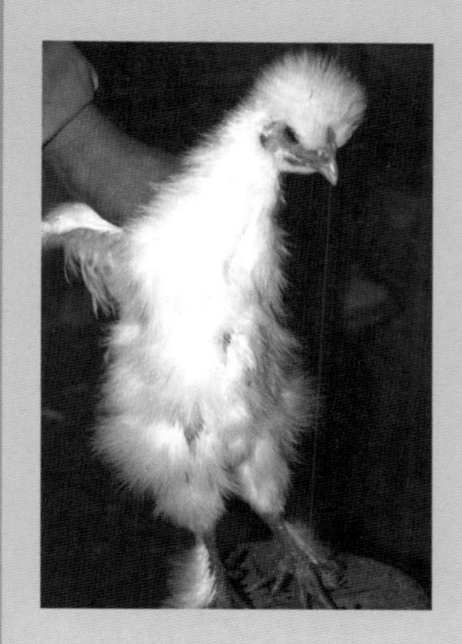

丝羽

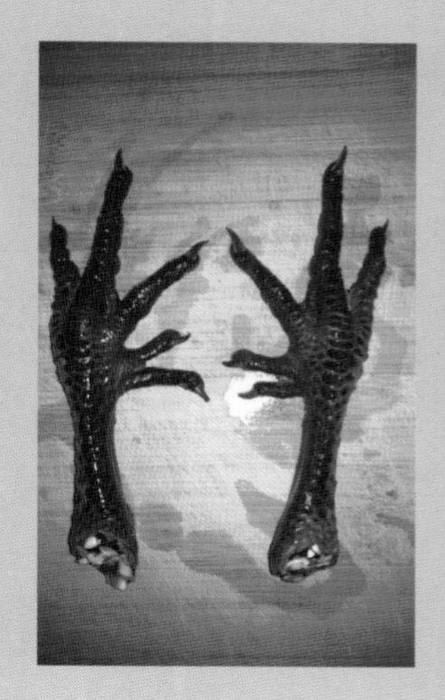

乌脚

乌皮

乌肉

五爪

笼养

平养

养殖场各种规章制度

养殖场各种记录

大门口消毒

场区消毒

自动清粪系统

产蛋期乌骨鸡

肉用乌骨鸡

乌骨鸡种公鸡

乌骨鸡种母鸡

鸡场供水系统

鸡群饮水

自动饮水系统

自动喂料系统一

自动喂料系统二

乌骨鸡采食

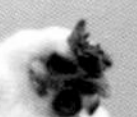

鸡舍供暖系统—锅炉房

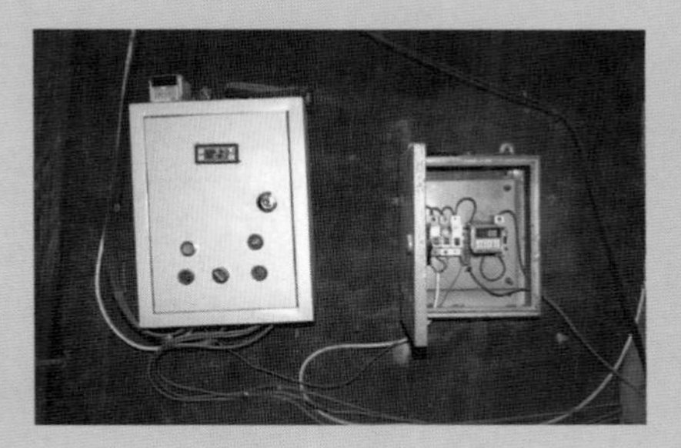

鸡舍供暖系统—电控

鸡舍供暖系统—输送管道

鸡舍供暖系统—舍内排气送暖

笼养光照

平养光照

育雏供暖系统

集蛋车

周转筐

乌骨鸡采精一

乌骨鸡采精二

乌骨鸡采精三

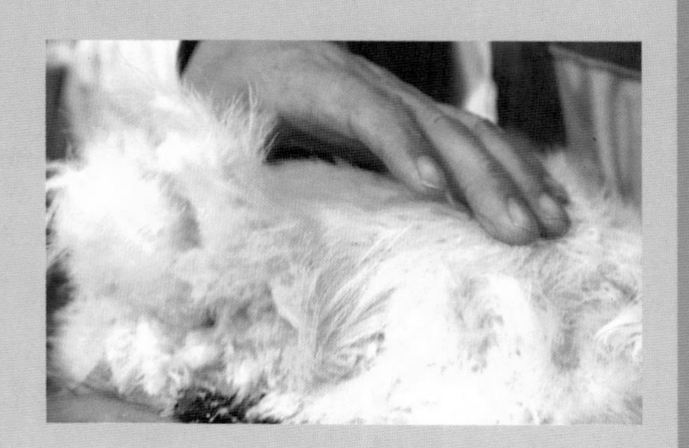

乌骨鸡采精四

乌骨鸡采精五

乌骨鸡采精六

乌骨鸡产品——鸡蛋

乌骨鸡产品——鸡肉

乌骨鸡产品——鸡汤

强农惠农丛书·特种动物养殖系列

乌骨鸡养殖关键技术

黄炎坤　付凤云　主编

中原农民出版社
·郑州·

图书在版编目(CIP)数据

乌骨鸡养殖关键技术/黄炎坤,付凤云主编.—郑州:中原出版传媒集团,中原农民出版社,2015.6
(强农惠农丛书·特种动物养殖系列)
ISBN 978-7-5542-1165-6

Ⅰ.①乌… Ⅱ.①黄… ②付… Ⅲ.①乌鸡-饲养管理 Ⅳ.①S831.8

中国版本图书馆CIP数据核字(2015)第085371号

乌骨鸡养殖关键技术
黄炎坤　付凤云　主编

出版:中原出版传媒集团　中原农民出版社
地址:河南省郑州市经五路66号　邮编:450002
网址:http://www.zynm.com　电话:0371-65788655
发行单位:全国新华书店　传真:0371-65751257
承印单位:郑州曼联印刷有限公司

投稿邮箱:1093999369@qq.com　交流QQ:1093999369
邮购热线:0371-65724566

开本:890mm×1240mm　A5
印张:8.75
字数:241千字　插页:16
版次:2015年6月第1版　印次:2015年6月第1次印刷

书号:ISBN 978-7-5542-1165-6　定价:22.00元

本书作者

主　编　黄炎坤　付凤云
副主编　黄晓燕　张立恒
参　编　黄润芸　刘　健
　　　　　郑远东　司玉亭

前 言

乌骨鸡是我国特有的优良鸡品种,除著名的泰和丝羽乌骨鸡外,还有很多地方乌骨鸡良种,都以黑皮、黑肉、黑骨为主要特征。在崇尚黑色食品的时代,乌骨鸡成为消费者喜爱的食材。

在我国传统的饮食文化中非常重视药食两用的材料,在满足食用的同时能够发挥食材的补养和治病作用,乌骨鸡就是其中的重要代表。以传统的妇科名药“乌鸡白凤丸”为启发,各地都把乌骨鸡作为补养身体、防病治病的药用鸡,由此演变出的各种食补食疗方例很多。

现代医学研究表明,乌骨鸡肉内含丰富的黑色素、蛋白质、B族维生素以及人体所需的18种氨基酸和18种微量元素,其中烟酸、维生素E、磷、铁、钾、钠的含量均高于普通鸡肉,胆固醇和脂肪含量却很低;乌骨鸡的血清总蛋白质和球蛋白质含量均明显高于普通鸡。很多资料显示食用乌骨鸡可以提高生理机能、延缓衰老、强筋健骨;对防治骨质疏松、佝偻病、妇女缺铁性贫血症等有明显功效,这也是乌骨鸡广受消费者青睐的主要原因。

我国各地都有养殖和食用乌骨鸡的习惯,近年来乌骨鸡的养殖总量呈现稳中有增的趋势。一些地方乌骨鸡良种也成为该地区人们饲养和食用的新宠。

本书的编写目的在于增加人们对乌骨鸡的了解、对乌骨鸡质量的辨识,提高乌骨鸡养殖从业者对乌骨鸡养殖技术的掌握水平以保证乌骨鸡产品的质量安全。在本书的编写过程中得到了河南汉元家禽有限公司、河南永达食业集团的支持并提供了相关照片,同时也参考了大量先贤时俊的资料,在此一并致谢。书中有不妥之处敬请读者指正。

编 者

2015年1月

目录

第一章　乌骨鸡养殖概述

乌骨鸡一般作为药用食材进入消费市场，家庭消费者购买乌骨鸡产品，主要用途是煲汤，常常以“滋补汤饮”的形式出现在餐桌上，很少看到乌骨鸡用来制作其他菜肴。乌骨鸡在批发市场上基本以毛鸡（活鸡）的形式销售，主要通过酒楼、饭店、快餐店、肉菜市场等渠道出售，不同区域、不同销售渠道对乌骨鸡的体重要求有所差异，如酒楼、饭店偏向体重稍小的乌骨鸡产品，快餐店则偏向体重较大的乌骨鸡产品，火锅店推出的有乌骨鸡汤和乌骨鸡肉片。

内容导读

我国乌骨鸡生产概况
乌骨鸡的经济价值
乌骨鸡的生产特点
乌骨鸡的发展前景
乌骨鸡的外貌特征
乌骨鸡鸡的生物学习性

一、我国乌骨鸡生产概况

随着食品结构的逐渐改变和人们对高档食物的要求越来越高，加上风靡全球的黑色食品热，乌骨鸡的饲养发展较快，其市场销量也在与日俱增。不但内地市场看好，而且在香港、澳门、台湾等市场需求量也在逐年增加，且售价也较高。随着其自身价值越来越被人们了解和接受，乌骨鸡的饲养具有广阔的发展前景，其系列产品也将有广阔的市场，有些产品已成为我国出口创汇的拳头产品。

二、乌骨鸡的经济价值

乌骨鸡的价值体现在药用、食用和观赏 3 个方面。

（一）乌骨鸡的药用价值

乌骨鸡是传统的名贵中药材，其全身均可入药，骨、肉及内脏均有较高的药用价值，可以配制成多种成药和方剂，备受历代医药家的青睐，被誉为“药鸡”。传统中医认为，乌骨鸡甘平无毒，益助阳气，补虚劳，益肝肾，特别适用于产妇恢复身体；其肝具有补血益气、帮助消化的作用，对肝虚目暗、妇人胎漏以及贫血等症有效；血有祛风活血、通经活络的作用，可治疗小儿惊风、口面歪斜、痈疽疮癣等；胆有消炎解毒、止咳祛痰和清肝明目的作用，主治小儿百日咳、慢性支气管炎、小儿菌痢、耳后湿疮、痔疮、目赤多泪等；鸡内金具有消食化积、涩精缩尿等功效，可治疗消化不良、反胃呕吐、遗精遗尿等；鸡脑可治小儿癫痫及难产；鸡嗉可治噎膈、小便失禁、发育不良等。以乌骨鸡为主

要原料生产的中成药就有数十种，其中“乌鸡白凤丸”为驰名中外的妇科良药，“乌鸡天麻酒”对治疗腰腿疼痛有特效，以乌骨鸡为原料的“乌骨鸡药酒”曾是我国四大礼品酒之一。

乌骨鸡鸡蛋除营养丰富，可供食用外，其药用功效也十分明显。如蛋清有润肺利咽、清热解毒功效，可治目赤、咽痛、咳嗽、痈肿热痛等；蛋黄有滋阴润燥、养血熄风、杀虫解毒等作用，可治心烦不眠、虚劳、吐血、消化不良、腹泻等；蛋壳有降逆止痉作用，可治反胃、胀饱胃痛、小儿佝偻病等。

(二)乌骨鸡的营养价值

乌鸡内含丰富的黑色素、蛋白质、B族维生素及18种氨基酸和18种微量元素，其中烟酸、维生素E、磷、铁、钾、钠的含量均高于普通鸡肉，胆固醇和脂肪含量却很低，乌鸡的血清总蛋白和球蛋白质含量均明显高于普通鸡，乌鸡肉中含氨基酸高于普通鸡，而且含铁元素也比普通鸡高很多。乌骨鸡的肉质乌黑细嫩，味美可口，消化吸收率高，对人体具有滋补效能，是高级营养滋补品。因而乌骨鸡对老人、儿童、孕妇及体弱久病者补益尤为显著，是心血管病人的最佳营养补品。

(三)乌骨鸡的观赏价值

乌骨鸡被誉为观赏珍禽，全国各地公园、动物园都饲养有乌骨鸡供游客观赏。乌骨鸡的观赏尤以泰和乌骨鸡为优。泰和乌骨鸡体型娇小玲珑，外貌奇特俊俏，头小颈短，且头上长有丛冠，像一束怒放的奇花，又似一朵火焰；另有一丛丝毛，形成毛冠；两个绿耳如佩戴了一对翡翠耳环一样；在鸡的下颌处长有一撮浓密的绒毛，人们称其为胡须；羽支与羽小支没有连接成片，使全身如披盖纤细绒毛，松散柔软，洁白绢亮如丝；脚趾基部密生白毛而被称为毛脚，且比其他鸡多生一趾成五爪，即所说的“龙爪”。由于这些特殊的外貌特征，使其具有独特的观赏价值。

三、乌骨鸡的生产特点

乌骨鸡曾是历代进贡皇室之珍品，是我国宝贵的珍禽，饲养历史悠久，更因为其独特的药用价值而深受人们的喜爱。各地均有饲养，尤以泰和乌骨鸡和余干黑乌骨鸡饲养量最大，此外江山乌骨鸡、略阳乌骨鸡、雪峰乌骨鸡等也都有一定的饲养量，且乌骨鸡的饲养趋势有增无减。目前，在全国大部分地区都有一定的饲养量。

以往乌骨鸡生产主要用于制药，而目前多数已成为人们餐桌上的一种佳肴，消费量也在逐年上升。

在乌骨鸡生产方面要突出优质安全、滋补调养的特色，以引起消费者的兴趣；饲养管理和卫生防疫工作也要围绕这个特色开展，以保证取信于消费者。只有达到这种要求，乌骨鸡才能卖出好的价钱。否则，乌骨鸡生长速度慢、成活率低、繁殖力低、产品的生产成本高，如果按照传统的肉鸡或蛋鸡生产经营模式，产品销售价格低就只能出现亏损。

四、乌骨鸡的发展前景

乌骨鸡肉质细嫩，味道鲜美，成为人们日常餐桌上的一道美味。经过科学研究表明：乌骨鸡含有多种人体必需的氨基酸、各种维生素及微量元素，其营养结构合理，易于吸收，食用后能调节体内代谢及内分泌系统的功能，提高机体的抵抗力，延缓衰老过程，起到强身健体的作用。近年来，人们对于乌骨鸡进行了开发利用，许多特效药品、营养保健品和食品已经进入国内外市场，创造了极大的经济效益。

乌骨鸡是我国优良的地方品种，是我国鸡类基因库的宝贵资源。科学研究人员不仅对乌骨鸡的种群进行了大量研究和选育，在鸡种纯化、疾病净化和提高生产性能等多方面做了大量工作，使它具备了进入市场的条件，而且还对乌骨鸡进行了更深的研究和探讨，利用它

的遗传特点进行杂交优势利用、品系化选育，培育出新的品种和品系，更好地造福人类。

五、乌骨鸡的外貌特征

传统概念上的乌骨鸡是指丝羽乌骨鸡，也是获得广泛认可的乌骨鸡。然而，在地方畜禽遗传资源普查过程中，一些地区也发现了具备皮、骨、肉均为乌(黑)色的鸡群，也分别命名为各地的乌骨鸡品种，还有一些家禽育种公司利用丝羽乌骨鸡与其他性能更好的鸡种进行杂交后选育出的高产种群，这些高产种群和地方品种外貌特征与传统的丝羽乌骨鸡相同或部分相同。

(一)丝羽乌骨鸡的外貌特征

丝羽乌骨鸡由于它体躯披有白色的丝状羽，皮肤、肌肉及骨膜皆为乌(黑)色而得名，国际上已经承认为标准品种，称为丝羽鸡。乌骨鸡在国内随不同产区而冠以不同的名称，在江西称泰和鸡，福建称白绒鸡，两广地区称竹丝鸡。

标准的丝羽乌骨鸡的外貌特征符合“十全”特点：

第一，丝羽。除翼羽和尾羽外，全身覆盖洁白、纤细、松散柔软的绒毛，翼羽短，尾羽不发达。

第二，凤头。鸡头顶有冠羽，为一丛缨状丝羽，母鸡冠羽较为发达，状如绒球，又称“缨头”。

第三，桑葚冠。母鸡冠小，形如桑葚，公鸡冠大，形如怒放的玫瑰花；鸡冠颜色在性成熟前为暗紫色，与桑葚相似，成年后则颜色减退，略带红色。

第四，胡须。从耳根到两颊、下颌生有较长的丝羽，形同胡须。

第五，绿耳。耳叶呈暗紫色，在性成熟前现出明显的蓝绿色彩，鲜艳夺目，但在成年后此色素即逐渐消失，仍呈暗紫色。

第六，五爪。脚生有 5 趾。

第七，毛脚。胫部和趾部生有胫羽和趾羽。

第八，乌皮。全身皮肤以及眼、脸、喙、胫、趾均呈乌黑色，在不同的个体其乌黑的程度稍有差异。

第九，乌骨。骨质暗乌，骨膜呈黑色。

第十，乌肉。全身肌肉、内脏及脂肪均呈乌黑色。

图 1-1 丝羽乌骨鸡

（二）片羽乌骨鸡的外貌特征

多数地方品种乌骨鸡的羽毛为片羽（也称常羽），如雪峰乌骨鸡、郧阳乌骨鸡、淅川乌骨鸡等。这类乌骨鸡的外貌特征与丝羽乌骨鸡有较大的差别。

1. 头部

绝大多数为单冠、没有凤头和胡须，耳叶杂色。

2. 脚爪

一般在胫部没有没有羽毛（即毛脚特征），趾通常为 4 个。

3. 羽毛

体表羽毛基本是片羽。

其他特征如鸡冠、肉垂、面部的颜色为乌紫色或紫红色，胫趾的颜色为乌紫色；皮肤、骨膜、内脏和肉的颜色为紫黑色或紫红色。

图 1-2 片羽乌骨鸡

六、乌骨鸡的生物学习性

1. 新陈代谢旺盛

主要体现在以下 3 方面：

(1)体温高 乌骨鸡的体温比家畜高很多，成年鸡的体温为 40.5～41.8℃，幼雏的体温比成年鸡略低。相比之下鸡需要消耗较多的营养物质用于保持其较高的体温。

(2)心率快 成年鸡的心跳频率为 160～200 次/分。雏鸡比成年鸡的频率高，雌鸡比雄鸡的频率高。

(3)呼吸频率高 成年鸡的呼吸频率为 25～100 次/分。雏鸡的呼吸频率比成年鸡高。

2. 抗病力低

由于养鸡采用集约化生产方式，饲养密度高，容易造成环境条件的恶化，一旦个别的鸡感染疾病则很容易在群内扩散。

此外，鸡的解剖生理特点也影响到其抗病力：鸡的肺容量小，气囊分布在颈部、胸部和腹部，一些病原微生物通过呼吸系统进入体内后会造成大范围的侵害。胸腔和腹腔没有横膈膜阻隔，两者是连通的，腹腔内的感染容易引起胸腔继发感染。没有淋巴结，缺少了部分免疫组织器官，在一定程度上影响到其抗病力。在鸡的泄殖腔内既有生殖道的开口，又有消化道和泌尿系统的开口，有些病原体会经过泄殖腔在消化道和生殖道之间互相感染。蛋在产出的时候经过泄殖腔也容易被泄殖腔内的粪便或附着的病原体污染。

在生产实践中也发现，乌骨鸡的成活率明显低于蛋鸡和肉鸡，尤其是在育雏初期。

3. 怕寒、怕热

虽然乌骨鸡体表大部分被羽毛覆盖，但是丝状羽毛的保温隔热性能远远不如其他鸡种的片状羽毛，在夏季酷暑的气温条件下，如果无合适的降温散热条件则会出现明显的热应激，造成生产性能下降。在冬天也不能够阻挡冷风对皮肤的刺激，因此与其他类型的鸡相比其耐寒性比较弱。

4. 就巢

就巢是鸡在进化过程中形成的一种繁殖行为，在人工孵化技术开始应用之前，乌骨鸡（也包括其他家鸡）都是通过就巢孵化后代的。就巢期间母鸡采食和饮水减少、停止产蛋，经常待在鸡窝内卧在鸡蛋上进行孵化。由于就巢鸡不产蛋，在现代养鸡生产中就巢就成为一种不良性状，经过系统选育能够使鸡的就巢行为减弱或消失。但是，绝大多数的乌骨鸡品种依然保留了较强的就巢性。

5. 合群

乌骨鸡是群居性动物，喜欢大群生活在一起。而且，大群饲养也能够和谐相处。但是，如果一群鸡在一起生活时间长，相互熟悉，此时若将一只陌生的个体放入群内则会受到群内大多数鸡的攻击，直到几天后才会相安无事。

在养鸡生产中，乌骨鸡群可以小群饲养也可以大群饲养。但是，如果调群则要小心，不能经常调群，以免一个个体进入另外群内后受到攻击。尤其是公鸡，在混群后的打斗现象更突出。

6. 胆小

乌骨鸡胆小、容易受惊吓。无论雏鸡还是青年鸡、成年鸡，受到惊吓后出现惊群，会造成部分个体的伤残甚至死亡。突然的响声（如

汽车鸣喇叭、人员大声喊叫、窗户扇的摆动、工具翻倒的碰撞声响)、陌生人和其他动物的靠近、雷鸣电闪、灯光的晃动都会引起惊群。惊群的鸡其生长速度或产蛋性能都会受到严重影响。因此在乌骨鸡生产实践中必须注意防止惊群现象的发生。

7. 沙浴

地面平养的乌骨鸡群会表现出喜欢沙浴的习性。尤其是当鸡群到舍外运动场活动的时候,会在沙土地上用爪和喙在地面刨坑,当有一个小坑的时候鸡就会卧在里面将疏松的沙土揉到羽毛下,过一会儿再抖动羽毛将沙土抖下。

通过沙浴乌骨鸡可以预防体表寄生虫的发生,还可以在沙土中啄食一些沙粒、草根、虫子等。

8. 栖高

鸡的祖先为了躲避敌害,在夜间往往栖息在较高的树枝上,在鸡被驯化后依然保留了这种习性。除丝羽乌骨鸡外,大多数地方乌骨鸡品种都还有一定的飞高能力。

在平养鸡群的生产中要注意在鸡舍内设置栖架让鸡夜间卧在栖架上,既可以减少地面鸡的密度,又可以保持羽毛的干净和卫生。

第二章 乌骨鸡场建设与生产设施

生产设施对鸡场环境和鸡舍环境的影响很大、很直接，如果没有良好的生产设施就很难获得良好的生产效果。以往，我国的乌骨鸡生产主要是中小规模的养鸡场和养殖户，其规模在 3 000～15 000 只的占绝大多数，在生产设施方面多数是因陋就简，这就造成了其整体生产水平不高。现代化乌骨鸡生产已经进入规模化、专业化养殖阶段，对生产设施的要求越来越高。乌骨鸡场的生产设施包括场地、鸡舍和设备 3 大类。

内容导读

场址选择与规划
鸡舍建设
生产设备

一、场址选择与规划

场址直接关系到投产后场区小气候状况、经营管理及环境保护状况。场址选择不当，可导致整个鸡场在运营过程中不但得不到理想的经济效益，还有可能因为对周围的大气、水、土壤等环境污染而遭到周边企业或城乡居民的反对。

(一)场址选择要求

1. 地势地形

场址应选在地势较高、干燥平坦及排水良好的场地，要避开低洼潮湿地，远离沼泽地。地势要向阳背风，以保持场区小气候温热状况的相对稳定，减少冬春季风雪的侵袭。

平原地区一般场地比较平坦、开阔，应将场址选择在较周围地段稍高的地方，以利排水防涝。对靠近河流、湖泊的地区，场地应比当地水文资料中最高水位高1～2米，以防涨水时受水淹没。

山区建场应选在稍平缓的坡上，坡面向阳，总相对坡度不超过25%，建筑区相对坡度应在2.5%以内。山区建场还要注意地质构造情况，避开断层、滑坡、塌方的地段，也要避开坡底和谷地及风口，以免受山洪和暴风雪的袭击。

2. 水源水质

乌骨鸡场要有水质良好和水量丰富的水源，同时便于取用和进行防护。

水量充足是指能满足场内人和鸡饮用以及其他生产、生活用水的需要，且在干燥或冻结时期也能满足场内全部用水需要。

水质要清洁，不含细菌、寄生虫卵及过乌的矿物质和毒物。在选择地下水作水源时，要调查是否因水质不良而出现过某些地方性疾病。水源不符合饮用水卫生标准时，必须经净化消毒处理，达到标准后方能饮用。水质需要定期进行检测（一般半年检测一次），发现问题及时处理。

3. 土壤地质

土壤的透气性、吸湿性、毛细管特性及土壤化学成分等不仅直接和间接影响乌骨鸡场的空气、水质和地上植被等，还影响土壤的净化作用。沙壤土最适合场区建设，但在一些客观条件限制的地方，选择理想的土壤条件很不容易，需要在规划设计、施工建造和日常使用管理上，设法弥补土壤缺陷。

对施工地段工程地质状况的了解，主要是收集工地附近的地质勘查资料，地层的构造状况，如断层、陷落、塌方及地下泥沼地层。对土层土壤的了解主要看是不是膨胀土或回填土。膨胀土遇水后膨胀，导致基础破坏，不能直接作为建筑物基础的受力层；回填土土质松紧不均，会造成建筑物基础不均匀沉降，使建筑物倾斜或遭破坏。遇到这样的土层，需要做好加固处理，严重的不便处理的或投资过大的则应另选场址。

4. 气候因素

气候状况不仅影响建筑规划、布局和设计，而且会影响鸡舍朝向、防寒与遮阳设施的设置，与鸡场防暑、防寒日程安排等也十分密切。因此，规划鸡场时，需要收集拟建地区与建筑设计有关和影响鸡场小气候的气候气象资料和常年气象变化、灾害性天气情况等，如平均气温，绝对最高气温、最低气温，土壤冻结深度，降水量与积雪深度，最大风力，常年主导风向、风向频率，日照情况等。各地均有民用建筑热工设计规范和标准，在鸡舍建筑的热工计算时可以参照使用。

5. 交通运输条件

鸡场每天都有大量的饲料、粪便、产品进出，所以场址应尽可能接近饲料产地和加工地，靠近产品销售地，确保其有合理的运输半径。大型集约化商品场，其物资需求和产品供销量极大，对外联系密切，故应保证交通方便，场外应通有公路，但应远离交通干线。

6. 电力供应要求

鸡场生产、生活用电都要求有可靠的供电条件，一些生产环节如孵化、育雏、机械通风等电力供应必须绝对保证。通常，建设畜牧场要求有Ⅱ级供电电源。在Ⅲ级以下供电电源时，则需自备发电机，以保证场内供电的稳定可靠。为减少供电投资，鸡场应靠近输电线路，以缩短新线路敷设距离。

7. 卫生隔离要求

为防止鸡场受到周围环境的污染，选址时应避开居民点的污水排出口，不能将场址选在化工厂、屠宰场、制革厂等容易产生环境污染企业的下风向处或附近。要求距离铁路、高速公路、交通干线不小于500米，距离一般道路不少于300米，距离其他畜牧场、兽医机构、畜禽屠宰厂不小于1 000米，距居民区不小于3 000米，且必须在城乡建设区常年主导风向的下风向。禁止在以下地区或地段建场：规定的自然保护区、生活饮用水水源保护区、风景旅游区；受洪水或山洪威胁及有泥石流、滑坡等自然灾害多发地带；自然环境污染严重的地区。

鸡场的蓄粪池，应尽可能利用树木等将其遮挡起来。建设安全护栏，并为蓄粪池配备永久性的盖罩。应仔细核算粪便和污水的排放量，以准确计算粪便的储存能力，并在粪便最易向环境扩散的季节里，储存好所产生的所有粪便，防止粪便发生流失和扩散。建场的同时，最好规划一个粪便综合处理利用厂，化害为利。

（二）鸡场的规划

鸡场的场址选定后就要进行合理规划。

1. 鸡场的功能分区

一个乌骨鸡场内的功能区主要有4个：生产区（育雏舍、育成舍、成年舍等）、生产辅助区（饲料加工车间、蛋库、消毒更衣室、兽医室、粪便处理场等）、生活区（宿舍、食堂、医务室、浴室、厕所等）、行政管理区（办公室、财务室、会议室、值班门房、配电、水泵、锅炉、车库、机修等用房）。

2. 分区规划要求

各种功能分区的规划，不仅要考虑人员工作和生活场所的环境保护，尽量减少饲料粉尘、粪便气味和其他废弃物的影响，更要考虑生产鸡群的防疫卫生。生产区是总体布局的主体，生产区内鸡舍的设置应结合地势地形、主导风向和交通道路的具体情况而定，按孵化室、育雏舍、育成舍和成年舍顺序给予排列，以减少雏鸡感染的机会。孵化室在有条件的情况下最好单独建场，以免售雏时人员往来带进病原。

3. 鸡舍间距

鸡舍的间距要从防疫、排污、防火和节约用地几个方面予以考虑，通常开放式鸡舍的间距为鸡舍高度的3～5倍，密闭式鸡舍间距为鸡舍高度的2～3倍。

(三)鸡场内的道路

鸡场内道路布局应分为清洁道和脏污道，清洁道和脏污道不能相互交叉，其走向为孵化室、育雏室、育成舍、成年鸡舍，各舍有入口连接清洁道；脏污道主要用于运输鸡粪、死鸡及鸡舍内需要外出清洗的脏污设备，其走向也为孵化室、育雏室、育成舍、成年鸡舍，各舍均有出口连接脏污道。清洁道和脏污道不能交叉，以免污染。相距较近的净道和污道应以沟渠或林带相隔。

二、鸡舍建设

(一)鸡舍设计与建造的基本原则

鸡舍设计与建造合理与否，不仅关系到鸡舍的安全和使用年限，而且对鸡群生产潜力的发挥、舍内小气候状况、鸡场工程投资等具有重要影响。进行鸡舍设计与建造时，必须遵循以下原则：

1. 有利于卫生防疫

卫生防疫是当前鸡场各项工作的重点，要求鸡舍能够防止鸟雀、老鼠等动物的进入，因为它们都是疫病的传播者；舍内地面要经过硬化处理，以便于清扫和冲洗；鸡舍之间要有适当的距离，能够减少相互之间的影响，减少粪便对舍内环境的污染。

2. 能够有效缓解外界不良气候因素的影响

自然气候条件不是饲养家禽的最合适条件，一些恶劣的气候如风雨雷电、高温酷暑、冰雪严寒都会对家禽的生长发育和健康造成不良影响。禽舍的屋顶、墙壁、门窗应该能够起到保温隔热和防风防雨效果，使舍内环境更适合家禽生产的需要。

3. 有利于生产管理操作

鸡舍的高度要合适，不影响灯泡的安装和人员的走动，笼养鸡舍走道宽度适宜；平养鸡舍内的立柱位置要合适，有利于喂料和饮水设备的摆放并有利于添加饲料和饮水。

4. 有利于生产安全

鸡舍要有足够的坚实性，能够抵御常见的恶劣气候的影响，尤其是屋顶要不容易被大风掀起、不易被大雪压塌；供电线路和加热系统设计、安装要可靠，以免引起火灾；机械设备的安全使用。

5. 节约投资

使用当地价格较低的建筑材料，提高舍内的空间利用率，合理选用建材的规格。

(二)鸡舍的类型

1. 有窗鸡舍

有窗鸡舍的特点是在鸡舍的前后墙上设有窗户，日常主要通过空气流动来通风换气，靠自然光照实现鸡舍内地面采光（见图 2-1）。这样的鸡舍舍内环境条件在一定程度上受外界气候条件的影响，如温度基本上随季节转换而升降，自然光照随季节变化而延长或缩短，恶劣气候如电闪雷鸣也会影响到舍内的鸡群。

有窗鸡舍的设计、建材、施工工艺与内部设置等条件要求较为简单，造价较低，投资较少，对材料的要求不十分严格，深受个体养鸡户和小规模养鸡场的青睐。但是普通鸡舍内鸡的生理状况与生产性能均受外界环境条件变化的影响，外界环境条件变化越大、愈突然，对鸡的影响也愈大，疾病发病率愈高，因而鸡的生产性能不稳定，经济效益难以保障。因此，根据各地自然环境气候条件，合理设计、修建

图 2-1　有窗鸡舍外景

普通鸡舍，减少外界环境对舍内小气候的不利影响显得十分重要。

2. 密闭式鸡舍

密闭式鸡舍除鸡舍两端山墙上的门外，在两侧墙上仅有少数的应急窗，平时被完全封闭，顶盖和四周墙壁隔热性能良好，舍内通风、光照、温度和湿度等都靠机械设备进行控制，舍内环境条件受外界气候条件变化的影响相对较小(见图 2-2)。通常在鸡舍的前端山墙上安装湿帘，后端山墙上安装若干个风机。这种鸡舍因建筑成本昂贵，要求 24 小时能提供电力等能源，技术条件也要求较高，故我国农村鸡场及一般专业户都不采用此种鸡舍。这种鸡舍能给鸡群提供适

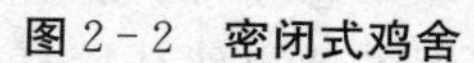

图 2-2　密闭式鸡舍

宜的生长环境，鸡群成活率高，可较大密度饲养，但成本较高，一般适宜于大型机械化鸡场和育种公司。

在建造的时候一般在密闭式鸡舍的两侧墙上留有应急窗，用于停电的时候通风和采光。平时，应急窗用专门的挡板进行遮挡。

3. 卷帘鸡舍

此类鸡舍兼有密闭式和开放式鸡舍的优点，在我国的南北方无论是高热地区还是寒冷地区都可以采用。鸡舍的屋顶材料采用石棉瓦、铝合金瓦、普通瓦片、玻璃钢瓦，并且采用防漏隔热层处理。此种鸡舍除了在离地 15 厘米以上建有 50 厘米高的墙体外，其余全部敞开，在侧墙壁的内层和外层安装隔热卷帘，由机械传动，内层卷帘和外层卷帘可以分别向上和向下卷起或闭合，能在不同的高度开放，可以达到各种通风要求。夏季炎热可以全部敞开，冬季寒冷可以全部闭合（见图 2－3）。

图 2－3　卷帘式鸡舍外景

4. 放养鸡舍

这种鸡舍适用于蛋鸡的放养模式，与一般的有窗鸡舍不同的是在朝向放养场地的一侧墙壁上设置有若干个门或地窗供鸡群出入鸡舍。门和地窗的宽度约为 1 米，门的高度约 1.8 米，地窗的高度约为

1米，门或地窗要向外开以便于管理。

（三）鸡舍的外围护结构

1. 屋顶

要求保温隔热性能良好、重量较轻、密封效果好（设置的天窗要有控制装置）。屋顶建筑材料主要有：石棉瓦、红机瓦、彩钢瓦、预制板、稻草或麦秸等。目前，广泛使用的是彩钢瓦，其泡沫层的厚度为10厘米左右。

2. 墙壁

要求具有良好的保温隔热效果和支撑作用。一般每间隔3米或3.3米要有一个立柱用于支撑屋架屋顶。墙体可以使用混凝土砌块或黏土砖，也可以使用彩钢瓦。

3. 地面

要经过夯实处理，保证地面平整结实，能够防止局部塌陷。通常对地面平整后夯实，再使用三七土进行压实处理，表面再用混凝土硬化和抹平。室内地面的坡度要根据饲养方式确定。室内地面一般要求比室外高出35厘米左右。

（四）鸡舍的规格设计

1. 单体鸡舍的容量

目前，单体鸡舍的容量差异很大，少则2 000多只，多则50 000多只。如果使用阶梯式鸡笼，一般每栋单体鸡舍的容量在4 000～10 000只；如果使用叠层式高架鸡笼则每栋单体鸡舍的容量在10 000～30 000只。

2. 鸡舍的高度设计

鸡舍的高度受多种因素的影响，如饲养方式，笼养鸡舍笼顶与屋梁之间有不少于1米的距离，平养鸡舍地面或网床表面与屋梁之间有不少于1.8米的距离；屋顶结构类型也有较大影响，平顶鸡舍的高度稍高、拱顶或“A”形屋顶可稍低；机械纵向通风的鸡舍高度要稍低，机械与自然通风结合可稍高；另外要考虑舍内地面比舍外地面高30～40厘米。

3. 鸡舍的宽度设计

首先要考虑饲养方式，平养方式的鸡舍宽度可以在较大范围内选择；笼养方式受笼的宽度和笼在舍内的布局影响，一般 3 层全架全阶梯鸡笼的宽度为 2.18 米左右，走道的宽度约为 75 厘米。如果鸡舍内采用 3 列 4 走道布局方式则鸡舍的净宽度为 9.54 米（3×2.18 米＋4×0.75 米）。鸡舍的宽度会影响屋架的重量和牢固性，如果使用“A”形屋架且中间无立柱支撑则鸡舍的宽度不宜超过 10 米。

4. 鸡舍的长度设计

主要考虑场地的规格，如场地的形状、宽窄，可利用的面积等；考虑设备最佳的运行长度，包括清粪设备、喂料设备、通风设备等；鸡舍的长度对于其整体的坚实性也有影响。一般要求鸡舍适宜的长度在 50～90 米。

(五)鸡舍的功能设计

1. 鸡舍的通风设计

(1)鸡舍的通风方式　鸡舍的通风方式有自然通风、机械通风两种。

1)自然通风　主要是通过自然的风压和热压实现空气流通的通风方式。一种是无专门进气管和排气管，依靠门窗进行的通风换气，适用于在温暖地区和寒冷地区的温暖季节使用；另一种是设置有专门的进气管和排气管，通过专门管道调节进行通风换气，适用于寒冷地区或温暖地区的寒冷季节使用。鸡舍跨度不宜超过 7 米。

2)机械通风　是利用风机（风扇）向舍内吹风或是向外抽风，改变舍内空气压力而使空气流动。根据舍内空气压力变化可以将机械通风分为负压通风、正压通风正压通风和联合通风。

(2)自然通风设计　主要通过鸡舍的门窗和地窗、天窗实现鸡舍内的通风。一般要求鸡舍的前后墙安装适量的窗户，屋顶安装若干个天窗；较高的鸡舍在窗户下设置较小的地窗。一般来说，跨度在 6 米以内的鸡舍使用自然通风方式效果较好，如果跨度太大则鸡舍内的气流常常分布不均，容易出现通风死角。

(3)正压通风设计　也称进气式通风或送风，其优点在于可对进

图 2-4　鸡舍的窗户、天窗和地窗

入的空气进行预处理。

1）侧壁送风　分一侧送风或两侧送风，前者为穿堂风形式，适用于炎热地区和 10 米内小跨度的家禽舍，而两侧壁送风适于大跨度家禽舍。

2)屋顶送风　屋顶送风是指将风机安装在屋梁上，通过管道送风，使舍内污浊气体经由两侧壁排风口排出。

(4)负压通风设计　也称排风式通风或排风。

1)屋顶排风式　风机安装于屋顶，将舍内的污浊空气、灰尘从屋顶上部排出，新鲜空气由侧墙风管或风口自然进入。

2）侧壁排风形式　侧壁排风形式为风机安装在一侧纵墙上，进气口设置在另一侧纵墙上。

3)一端排风形式　即纵向负压通风方式。

(5)联合通风设计　同时采用机械送风和机械排风的通风方式。在大型封闭家禽舍，尤其是在无窗封闭舍，单靠机械排风或机械送风往往达不到通风换气的目的，故需采用联合式机械通风。

(6)纵向通风设计

1）概念　对于容量较大的蛋鸡舍(长度超过 40 米)多数采用纵向通风方式。通常将工作间设置在鸡舍前端的一侧，将前端山墙与屋檐平行的横梁下 2/3 的面积设计为进风口，外面用金属网罩以防鼠雀，冬季可以用草帘遮挡一部分。风机安装在鸡舍后端山墙上 。

2)风机流量确定　风机总流量的计算可以使用公式：$Q=3\ 600\times S\times V$。

公式中 Q 为风机总流量(米^3/时)，S 为气流通过截面的面积(米^2，通常是屋梁下高度与鸡舍宽度的乘积加上梁上三角形的面积)，V 为夏季舍内要求的最大气流速度(米/秒，一般为 1～1.2 米/秒)。如果鸡舍密闭效果不很好，计算出的 Q 值需要再除以 0.8(通风效率按 80%计算)。

3)风机的安装　风机安装在鸡舍末端的山墙上。如果山墙面积不够，可以在靠近末端山墙的两侧墙上安装。风机底座距地面的高度约 50 厘米。风机内侧需要罩金属网以保证安全。风机要大小配套。

4)进风口的设计　进风口位于鸡舍前端的山墙上，如果面积不够还可以利用靠近前端山墙第一间房的两侧墙。

进风口的面积至少为排风口面积的 2 倍，如果进风口面积小则会造成风机的通风效率下降、进风口附近气流速度过快等问题。

2. 鸡舍的采光设计

鸡舍内的光照包括自然采光和人工照明。无论哪种照明方式，都要符合的要求：光照时间、光照强度可控。

(1)自然采光　通过前后墙壁上的窗户、屋顶的天窗实现，使外界的阳光直射或折射到鸡舍内。

自然采光效果受窗户的形状、大小、数量和安装位置的影响。一般鸡舍的窗户按照每间房前后墙各安装一个，这两个窗户的面积为一间房面积的 8%左右，窗户底部距舍内地面的高度约为 1 米。

天窗可以按每 3 间房设置一个。现在有的鸡舍使用彩钢板屋顶，可以在屋顶部用半透明的白色玻璃钢板替换掉一部分彩钢板，这样能够使鸡舍中间部位的采光效果更好一些。

(2)人工照明　使用灯泡、定时开关控制仪。每条走道有一个控制开关，便于在外界光线弱的时候掌握不同走道的照明控制。灯泡在走道正中，距地面约1.8米，每个横梁上安装1个。

3.鸡舍的温控设计

（1）保温隔热设计　鸡舍设计时必须考虑到不同季节外界温度对鸡舍内温度的影响，防止舍内冬天寒冷、夏季酷热现象的出现以减少对乌骨鸡生产造成的不良影响。保温隔热设计主要考虑鸡舍屋顶和墙壁材料的保温隔热性能，尤其是屋顶材料。要求使用导热系数较小的材料，目前较多使用彩钢板作屋顶材料，其中泡沫层的厚度要求不低于8厘米。

传统的墙体材料主要是用砖，现在有使用彩钢板的，也有使用水泥夹心泡沫板的。

（2）加热设计　长江以北许多地区冬季气温很低，一般的鸡舍都需要配备加热设备以保持舍内温度不至于过低。目前，大多数的加热系统是热风炉或水暖加热器，这种设备的热效率较高，环境卫生条件好，适用于规模化乌骨鸡养殖场。育雏室可以使用火炉或地下火道加热方式。

有的乌骨鸡养殖场采用生态养殖模式，使用太阳能发电对鸡舍进行加热，有的使用沼气处理粪污并用沼气加热设备对鸡舍加热。

（3）降温设计　目前使用最多的是湿帘降温与负压纵向通风系统（见图2-5），个别大跨度鸡舍也有使用湿帘降温与负压横向通风系统的（见图2-6）。

湿帘降温与负压纵向通风系统包括安装在进风口的湿帘和安装在鸡舍末端的风机。使用的时候打开湿帘上面的喷水管水阀，使凉水将湿帘浸湿，再打开风机向舍外排风。室外热空气通过湿帘进入

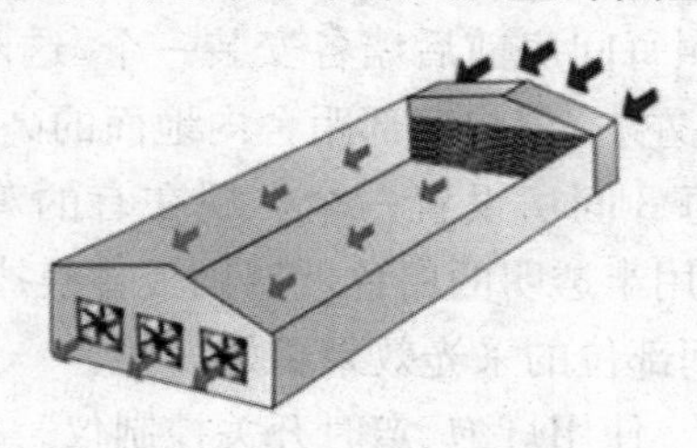

图2-5　湿帘降温与负压纵向通风系统示意图

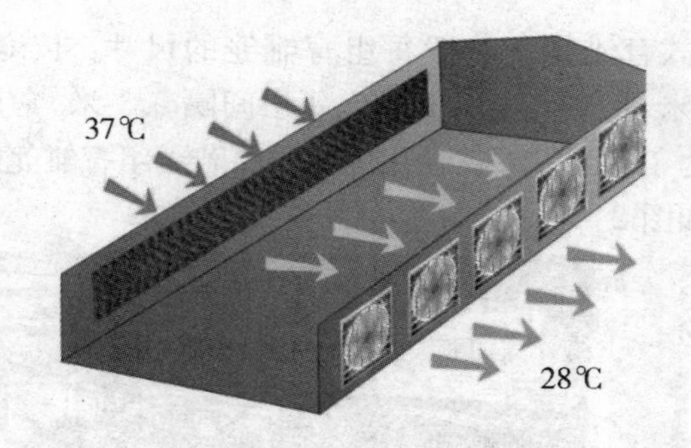

图 2-6　湿帘降温与负压横向通风系统示意图

舍内的过程中经过湿帘，空气中的热量被吸收而冷却，使进入鸡舍的空气温度下降 5℃左右。

目前，在一些乌骨鸡场，如果鸡舍的容鸡量不大的情况下也可以使用冷却风扇向鸡舍内送冷风。冷风机也是由装有湿帘的冷却箱、风机和送风管组成(见图 2-7)。

图 2-7　冷风机向室内送风

三、生产设备

(一)鸡笼

1. 育雏笼

用于饲养雏鸡或 13 周龄之前的小鸡，目前在规模化乌骨鸡养殖场基本都采用笼养育雏。

(1)叠层式育雏笼　一般每组育雏笼的尺寸：长度 1.0～1.4 米、宽度 0.6 米、每层高度 0.35 米、每层间隔 0.1 米，常用的 4 层育雏笼的高度为 1.8 米左右。使用的时候将若干组育雏笼组装在一起（见图 2-8 和图 2-9）。

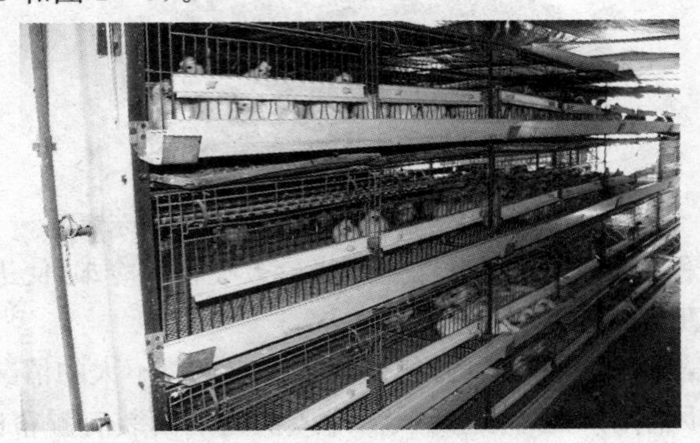

图 2-8　叠层式育雏笼

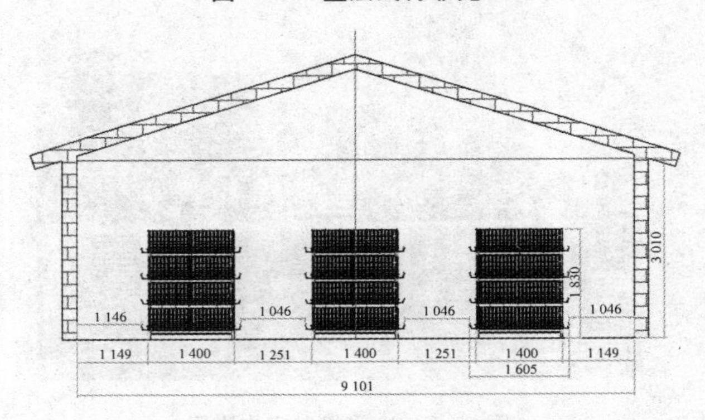

图 2-9　三列四层叠层式育雏室示意图

（单位：毫米，本图由河南金凤养殖设备公司提供）

料槽挂在育雏笼的两侧前网的外面，前 10 天使用真空饮水器放在笼内，以后使用乳头式饮水器。

清粪有两种方式：人工清粪方式需要在每两层之间放置盛粪盘接取上层鸡笼内鸡群的粪便，然后定期清理；自动清粪是在两层鸡笼之间设置传送带，上层笼内的鸡群排泄的粪便落在传送带上，传送带转动的时候在笼列末端有专门的刮板将粪便刮下来。

(2)阶梯式育雏笼　三层阶梯式育雏笼的规格：长 1.95 米、宽 2.40 米、高 1.40 米，每组可饲养 400～600 只雏鸡。前网为双层，可以调节栅格间距的宽窄。料槽设在前网下部外侧(见图 2－10)。10 日龄前使用真空饮水器，之后使用乳头式饮水器。

图 2－10　三层阶梯式育雏笼

2. 育成鸡笼

如果采用三阶段蛋鸡养殖方式，有专门的育成鸡舍，舍内有专用的育成鸡笼。育成鸡笼一般为三层全阶梯形式，也有四层的(见图 2－11)。

图 2－11　三层阶梯式育成鸡笼
(本图片由河南金凤养鸡设备公司提供)

一般的育成鸡笼（3层）高度为1.6～1.7米，宽度为1.7 ～1.8米。单笼长80厘米，高40厘米，深42厘米，每个单笼可容乌骨鸡育成鸡8～12只。笼底网孔4厘米×2厘米，其余网孔均为2.5厘米×2.5厘米。笼门尺寸为14厘米×15厘米。

3.产蛋鸡笼

产蛋鸡笼用于饲养18周龄以后的产蛋乌骨鸡，也用于饲养成年种乌骨鸡。

（1）阶梯式产蛋鸡笼　产蛋鸡笼一般由4格组成一个单笼，每格养鸡4只，单排笼长187.5厘米、笼深32.5厘米，养鸡16只，平均每只鸡占笼底面积381厘米^2。有的鸡笼由5格组成一个单笼，每格养鸡3只，单笼长195厘米、笼深37厘米、前高38厘米、后高33厘米，养鸡15只，平均每只鸡占笼底面积481厘米^2。

阶梯式三层产蛋鸡笼每组为三层6条或四层8条，每条一般为四开门或五开门，可以分别饲养16只或15只成年鸡（见图2－12和图2－13）。阶梯式三层产蛋鸡笼装备起的高度为150厘米，宽度为210厘米；阶梯式四层产蛋鸡笼装备高度为185厘米，宽度为220厘米。

有的种乌骨鸡场采用两层阶梯式产蛋鸡笼，这样的鸡舍多数采用人工清粪方式。

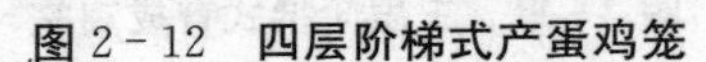

图2－12　四层阶梯式产蛋鸡笼

图 2-13 两层阶梯式产蛋鸡笼

(2)种鸡自然交配笼 这种鸡笼一般为 2～3 层的叠层式，单笼的高度约 60 厘米，宽度约 1.2 米，长度 1.9 米，通常分隔为 2～3 个小单笼，每个小单笼内饲养 9 只母鸡和 1 只公鸡或 13 只母鸡、2 只公鸡。

4. 种公鸡笼

在种鸡养殖(尤其是蛋种鸡和优质肉种鸡、种乌鸡)过程中基本都采用人工授精技术，在这种情况下种公鸡需要采用笼养方式。与种母鸡笼相比，种公鸡笼的特点一是底网是平的，二是每只公鸡占用一个小单笼，三是小单笼的高度、深度都更大一些。由于单笼的高度较大，种公鸡笼通常为两层阶梯式(见图 2-14)。

图 2-14 种公鸡笼

(二)加温设备

1. 热风炉

目前,在鸡场内使用热风炉是解决鸡舍冬季通风与保温的主要措施。锅炉与暖风输送管道系统,也称为燃煤热风炉,由火炉(主机)、送风机、送风管和自动控温系统组成(见图 2－15)。火炉将空气进行加热(通常能够达到 70℃左右),然后送风机将热空气吹进送风管。送风管架设在鸡舍的横梁下,其下部有出风孔,送风机启动后送风管内的热空气就会通过出风孔吹到鸡舍内。

图 2－15　水暖风暖两用热风炉(左为加热部分,右为室内送风部分)

鸡舍燃煤热风炉产品主要特点:一是燃煤热风机节能,热风采暖根本不需要水,无须送水管道、暖气片及循环泵等,而是将热风直接送入供暖点及空间,热损失极小,附属设备投资不大,热风供暖升温快。二是燃煤热风机运行成本低,同蒸汽热水采暖相比,采暖效率可提高 60％以上,节约能源可达 70％以上,投资维修率可降低 60％左右,具有明显的经济效益。三是燃煤热风机易操作,温度可自由调节,无须承压力运行,不需专职锅炉工,可调性强,停开均可,可灵活机动掌握。四是空气流通快,便于排出有害气体,净化环境空气,同时可对热风加湿,调节环境湿度。燃料种类:可用煤炭,木材下脚料(刨花、锯末等)、燃油、液化气、天然气。

自动燃煤热风机的选用:风机功率 3 千瓦,每小时燃煤 6 千克,适用于 300 米^2 的鸡舍;风机功率 5.5 千瓦,每小时燃煤 8 千克,适用于 500 米^2 的鸡舍。

2. 锅炉与水暖系统

由主机、散热器、微电脑自控箱及水暖管道等共同组成(见图 2-16)。主机是锅炉,水暖管道将锅炉内的热水送到水温散热器,水温散热器由散热片和风机组成,微电脑自控箱可以通过安装在鸡舍特定位置的感温探头自动调控主机的炉火大小,以控制鸡舍内的温度保持在一个相对平稳的水平。

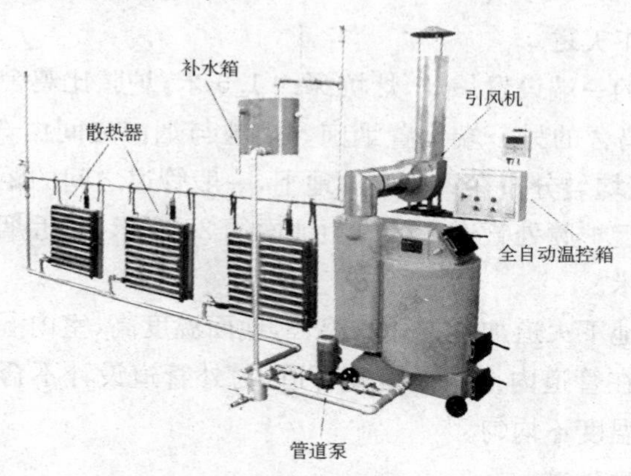

图 2-16 锅炉与水暖输送系统

3. 地上火道

地上火道也称为火垄(见图 2-17)。地上水平烟道是在育雏室墙外建一个炉灶,根据育雏室面积的大小在室内用砖砌成一个或两

图 2-17 地上烟道

个烟道，一端与炉灶相通。烟道排列形式因房舍而定。烟道另一端穿出对侧墙后，沿墙外侧建一个较高的烟囱，烟囱应高出鸡舍屋顶1米左右，通过烟道对地面和育雏室空间加温。烟道供温应注意烟道不能漏气，以防煤气中毒。烟道供温时室内空气新鲜，粪便干燥，可减少疾病感染，适用于广大农户养鸡和中小型鸡场，对平养和笼养均适宜。

4. 地下火道

鸡舍的一端设置炉灶，灶坑深约1.5米，炉膛比鸡舍内地面低约30厘米，鸡舍的另一端设置烟囱。炉膛与烟囱之间由3～5条管道相连，管道均匀分布在鸡舍内的地下，一般管道之间的距离在1.5米左右。靠近炉膛处管道上壁应距地面约25厘米，靠近烟囱处应距地面约7厘米。

使用地下火道加热方式的鸡舍，地面温度高、室内湿度小。缺点是老鼠易在管道内挖洞而堵塞管道，另外管道设计不合理时易导致室内各处温度不均匀。

5. 煤炉供温

煤炉由炉灶和铁皮烟筒组成。使用时先将煤炉加煤升温后放进育雏室内，炉上加铁皮烟筒，烟筒伸出室外，烟筒的接口处必须密封，以防煤烟漏出致使雏鸡发生煤气中毒死亡(见图2-18)。此方法适用于较小规模的养鸡户使用，方便简单。

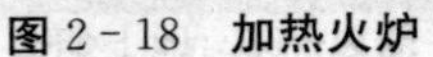

图2-18　加热火炉

5. 保温伞供温

保温伞(见图 2-19)由伞罩和内伞两部分组成。伞罩用镀锌铁皮或纤维板制成伞状罩,内伞有隔热材料,以利保温。热源用电阻丝、电热管子或煤炉等,安装在伞内壁周围,伞中心安装电热灯泡。直径为 2 米的保温伞可养鸡 300～500 只。保温伞育雏时要求室温 24℃以上,伞下距地面高度 5 厘米处温度 35℃,雏鸡可以在伞下自由出入。此种方法一般用于平面垫料育雏。

图 2-19　育雏用保温伞

6. 红外线灯泡育雏

利用红外线灯泡散发出的热量育雏,简单易行,被广泛使用。为了增加红外线灯的取暖效果,可在灯泡上部制作一个大小适宜的保温灯罩,红外线灯泡的悬挂高度一般为离地 25～30 厘米。一只 250 瓦的红外线灯泡在室温 25℃时一般可供 110 只雏鸡保温,20℃时可供 90 只雏鸡保温。

7. 燃油热风机

燃油热风机(见图 2-20)是近年来开发出的用于鸡舍(尤其是育雏室)加热的设备,燃油热风机风温调节范围为 30～120℃,可以根据不同季节不同类型鸡舍、不同日龄鸡群的不同要求,实现自动、半自动、手动调节。燃油热风机采用直燃式间接加热,升温迅速,热风干燥清新,能够保证室内良好的温湿环境。

图 2-20 燃油热风机

燃油热风机使用柴油或煤油作燃料，不要使用汽油、酒精或其他高度易燃燃料；关闭电源并拔掉插座后待所有的火焰指示灯都熄灭了，并且暖风机冷却以后，才能加燃料；在加燃料的时候，要检查油管和油管连接处是否有泄漏，在暖风机运行前，任何一个泄漏处都必须修理好。

只使用带接地的插头，要与易燃物保持的最低安全距离。出口：250 厘米，两侧、顶部和后侧：125 厘米；如果暖风机是带有余热或者运行中，需把暖风机放置在平坦并且水平的地方，否则可能会发生火灾；不应堵住暖风机的进风（后面）口和出风口（前面）。

8. 电热风机

电热风机（见图 2-21）由鼓风机、加热器、控制电路三大部分组成。通电后，鼓风机把空气吹送到加热器里，令空气从螺旋状的电热丝内、外侧均匀通过，电热丝通电后产生的热量与通过的冷空气进行热交换，从而使用出风口的风温升高。出风口处的 K 型热电偶及时将探测到的出风温度反馈到温控仪，仪表根据设定的温度监测着工作的实际温度，并将有关信息传递回固态继电器进而控制加热器是否工作。同时，通风机可利用风量调节器（变频器、风门）调节吹送空气的风量大小，由此，实现工作温度、风量的调控。

图 2-21 电热风机

(三)通风设备

1. 轴流风机

主要由外壳、叶片和电机组成,叶片直接安装在电机的转轴上(见图 2-22)。轴流风机风向与轴平行,具有风量大、耗能少、噪声低、结构简单、安装维修方便、运行可靠等特点,而且叶片可以逆转,以改变输送气流的方向,而风量和风压不变,既可用于送风,也可用于排风,但风压衰减较快。目前鸡舍的纵向通风常用节能、大直径、低转速的轴流风机。

图 2-22 轴流风机

2. 离心风机

主要由蜗牛形外壳、工作轮和机座组成（见图 2－23）。这种风机工作时，空气从进风口进入风机，旋转的带叶片工作轮形成离心力将其压入外壳，然后再沿着外壳经出风口送入通风管中。离心风机不具逆转性，但产生的压力较大，多用于畜舍热风和冷风输送。

图 2－23　离心风机

3. 吊扇

在平养肉鸡舍内有安装吊扇进行通风的。使用一般的工业吊扇，固定在横梁上，启动后风扇转动并搅动周围空气流动。

4. 壁扇

壁扇是最简易的风机（见图 2－24），一般安装在鸡舍的前后墙上，启动后气流比较缓慢，多数用于育雏室或肉鸡舍的通风。

图 2－24　工业壁扇

(四)照明设备

1. 灯泡

目前,鸡舍内使用的照明灯具主要是白炽灯,也有使用节能灯的。如果能够配上灯罩则照明效率更高。

2. 光照控制器

基本功能是自动启闭鸡舍照明灯,即利用定时器的多个时间段自编程序功能,设定开灯时间和关灯时间就可以自动按时开关灯,实现精确控制舍内光照时间。

(五)供水设备

1. 乳头式饮水器

乳头式饮水器有锥面、平面、球面密封型三大类。该设备用毛细管原理,使阀杆底部经常保持挂有一滴水,当鸡啄水滴时便触动阀杆顶开阀门,水便自动流出供其饮用(见图 2-25、图 2-26 和图 2-27)。平时则靠供水系统对阀体顶部的压力,使阀体紧压在阀座上防止漏水。乳头式饮水设备适用于笼养和平养鸡舍给两周龄以上的鸡供水,要求配有适当的水压和纯净的水源,使饮水器能正常供水。

图 2-25 乳头式饮水器水箱

图 2-26 乳头式饮水器水管和出水阀

图 2-27 乳头式饮水器调压阀

2. 真空饮水器

真空饮水器由水筒和水盘两部分组成，多为塑料制品。筒倒扣在盘中部，并由销子定位（见图 2-28）。筒内的水由筒下部壁上的小孔流入饮水器盘的环形槽内，能保持一定的水位。真空式饮水器主要用于平养鸡舍和 2 周龄内的笼养雏鸡，也是放养鸡群的主要供水方式，容量为 1～20 升。

图 2-28 真空饮水器

3. 吊塔饮水器

吊塔式又称普拉松饮水器，靠盘内水的重量来启闭供水阀门，即当盘内无水时，阀门打开，当盘内水达到一定量时，阀门关闭（见图2-29）。吊塔饮水器主要用于平养鸡舍，即用绳索吊在离地面一定高度（与雏鸡的背部或成鸡的眼睛等高）。该饮水器的优点是适应性广，不妨碍鸡群活动。

图 2-29　吊塔式饮水器

（六）供料设备

1. 料桶

料桶由塑料制成的料筒、圆形料盘和连接调节机构组成（见图2-30）。料桶与料盘之间有短链相接，留一定的空隙供饲料从料筒流入料盘。料盘的上面常罩有塑料栅格以防止鸡踩入其中。料桶的容量为2～10千克，可以供笼养育雏、地面平养和网上平养、放养鸡群使用。

图 2-30　料桶

室内平养鸡群(地面平养和网上平养)一般将料桶用绳子悬吊在鸡舍的横梁上,根据鸡体格的大小及时调整高度,要求料盘边缘的高度与鸡的背部平齐。

2. 料槽

笼养鸡基本上都是采用料槽喂饲,料槽的外侧面略向外倾斜并比内侧面稍高,以便于在添加饲料的时候减少饲料的抛洒。内侧壁垂直,顶部向内卷曲,可以防止鸡采食过程中将饲料钩到槽外。使用料槽注意连接缝要密封良好,如果脱开很容易使饲料漏出;料槽的两端要安装堵头,防止饲料从两端漏出。

放养鸡群也有用砖和水泥在室外运动场砌设料槽的,一般宽度约20厘米,深度10厘米,长度依据场地而定。适用于干粉料、湿料和颗粒料的饲喂。

3. 料盆

适用于放养鸡群,用塑料盆或陶瓷盆作为料槽放在运动场用于喂饲。

4. 螺旋弹簧式喂饲机

螺旋弹簧式喂饲机由料箱、内有螺旋弹簧的输料管以及圆盘形饲槽组成(见图2-31),属于直线型喂料设备,工作时,饲料由舍外的储料塔运入料箱,然后由螺旋弹簧将饲料沿着管道推送,依次向套接在输料管道出口下方的饲槽装料,当最后一个饲槽装满时,限位控制开关开启,使喂饲机的电动机停止转动,即完成一次喂饲。

图2-31 螺旋弹簧式喂饲机

螺旋弹簧式喂饲机一般只用于平养鸡舍，优点是结构简单，便于自动化操作和防止饲料被污染。

5. 链板式喂饲机

可用于平养和笼养，由料箱、驱动机构、链板、长饲槽、转角轮、饲料清洁筛、饲槽支架等组成（见图 2－32）。链板是该设备的主要部件，它由若干链板相连而构成一封闭环。链板的前缘是一铲形斜面，当驱动机构带动链板沿饲槽和料斗构成的环路移动时，铲形斜面就将料斗内的饲料推送到整个长饲槽。按喂料机链片运行速度又分为高速链式喂料机（18～24 米/分）和低速链式喂料机（7～13 米/分）两种。

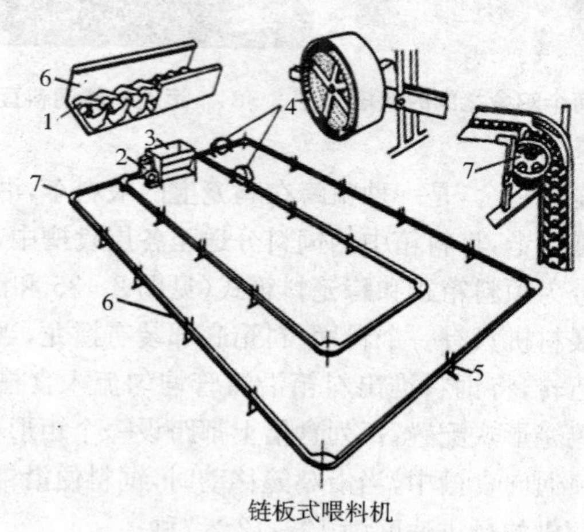

图 2－32　链板式喂饲机

1. 链片　2. 驱动装置　3. 料箱　4. 清洁筛　5. 饲槽支架　6. 饲槽　7. 转角轮

一般跨度 10 米左右的种鸡舍，跨度 7 米左右的肉鸡和蛋鸡舍用单链，跨度 10 米左右的蛋、肉鸡舍常用双链。

链板式喂饲机用于笼养时，三层料机可单独设置料斗和驱动机构，也可采用同一料斗和使用同一驱动机构。

链板式喂饲机的优点是结构简单、工作可靠。缺点是饲料易被污染和分级（粉料）。

6. 室外料塔

一般在大容量鸡舍使用，与室内自动喂料系统结合。散装物料运输车从饲料厂装载饲料后直接运送到养鸡场并把饲料输送到料塔内(见图 2－33 和图 2－34)。室外料塔通过专用输送管道将饲料送入鸡舍内自动供料系统的小料箱中。

图 2－33　位于两个鸡舍之间的料塔

图 2－34　运料车将饲料直接输入料塔

7. 轨道车喂饲机

用于多层笼养鸡舍，是一种骑跨在鸡笼上的喂料车，沿鸡笼上或旁边的轨道缓慢行走，将料箱中的饲料分送至各层食槽中，根据料箱的配置形式可分为顶料箱式和跨笼料箱式(见图 2－35 和图 2－36)。顶料箱行车式喂料机只有一个料桶，料箱底部装有搅龙，当喂料机工作时搅龙随之运转，将饲料推出料箱沿溜管均匀流入食槽。跨笼料箱喂料机根据鸡笼形式配置，每列食槽上都跨设一个矩形小料箱，料箱下部锥形扁口通向食槽中，当沿鸡笼移动时，饲料便沿锥面下滑落入食槽中。喂饲机的行进速度为 10～12 米/秒。

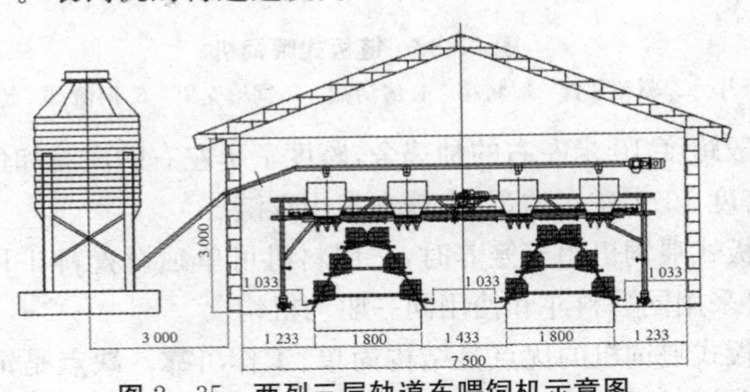

图 2－35　两列三层轨道车喂饲机示意图

(单位：毫米，本图片由河南金凤养鸡设备公司提供)

图 2-36 轨道车喂饲机

(七)清粪设备

1. 刮板式清粪机

由电动机、减速器、绳索、转角轮和刮板等组成(见图 2-37、图 2-38和图 2-39)。用于网上平养和笼养,安置在鸡笼下的粪沟内,刮板略小于粪沟宽度。每开动一次,刮板做一次往返移动,刮板向前移动时将鸡粪刮到鸡舍一端的横向粪沟内,返回时,刮板上抬空行。横向粪沟内的鸡粪由螺旋清粪机排至舍外。根据鸡舍设计,一台电机可负载单列、双列或多列清粪机。

在用于半阶梯笼养和叠层笼养时采用多层式刮板,其安置在每一层的盛粪板上,排粪设在安有动力装置相反一端。以四层笼养为例,开动电动机时,两层刮板为工作行程,另两层为空行,到达尽头时电动机反转,刮板反向移动,此时另两层刮板为工作行程,到达尽头时电动机停止。

图 2-37 刮板式清粪机电动机与减速器

(本图片由河南金凤养鸡设备公司提供)

图 2－38　刮板式清粪机转角轮

（本图片由河南金凤养鸡设备公司提供）

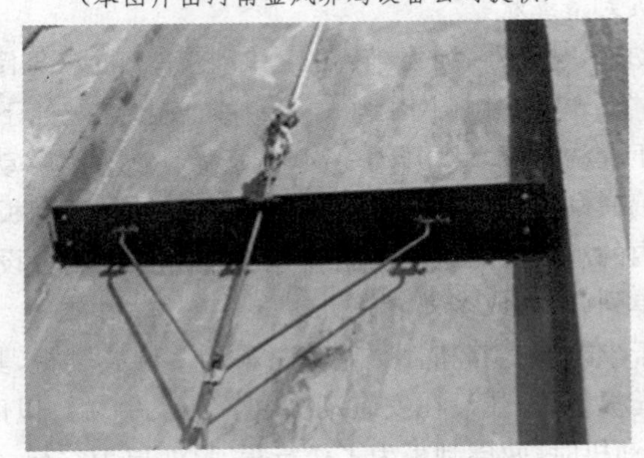

图 2－39　刮板式清粪机刮板

（本图片由河南金凤养鸡设备公司提供）

表 2－2　自动刮粪板主要技术参数

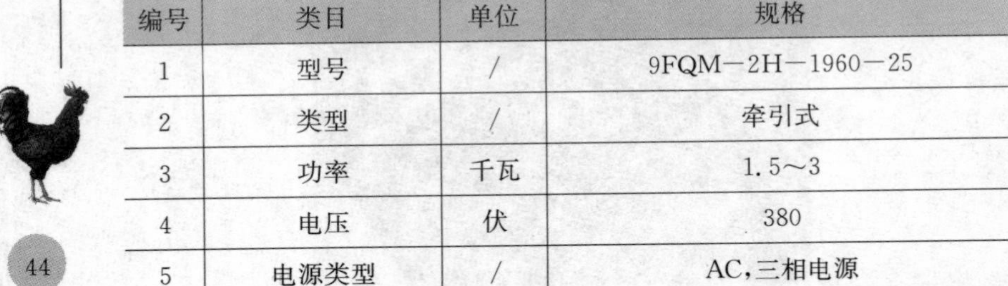

编号	类目	单位	规格
1	型号	/	9FQM－2H－1960－25
2	类型	/	牵引式
3	功率	千瓦	1.5～3
4	电压	伏	380
5	电源类型	/	AC,三相电源

续表

编号	类目	单位	规格
6	最大工作牵引力	牛	2 800～3 200
7	主机结构尺寸（长×宽×高）	米	(0.6～1.2)×(0.5～0.7)×(0.25～0.45)
8	重量	千克	350
9	刮粪板宽度	毫米	1 800～2 000
10	刮粪板回程离地间隙	毫米	≤50
11	刮净率	%	≥95
12	粪沟宽度	米	2

2. 输送带式清粪机

适用于叠层式笼养鸡舍清粪，主要由电机和链传动装置，主、被动辊，盛粪带等组成（见图 2－40）。盛粪带安装在每层鸡笼下面，启动时由电机、减速器通过链条带动各层的主动辊运转，将鸡粪输送到一端，被端部设置的刮粪板刮落，从而完成清粪作业。

图 2－40　鸡笼粪便传送带（左为叠层式、右为阶梯式）

3. 螺旋弹簧横向清粪机

横向清粪机是机械清粪的配套设备。当纵向清粪机将鸡粪清理到鸡舍一端时，再由横向清粪机将刮出的鸡粪输送到舍外。作业时清粪螺旋直接放入粪槽内，不用加中间支撑，输送混有鸡毛的黏稠鸡粪也不会堵塞。

第三章　乌骨鸡的品种与繁育

传统的乌骨鸡是指江西泰和乌骨鸡，这是作为中药“乌骨鸡白凤丸”使用的主要原料，这在《本草纲目》中已经有记载。在 20 世纪 80 年代和 2007 年开展的全国地方畜禽遗传资源普查过程中，全国各地上报的地方乌骨鸡品种数量多达 13 个。此外，一些家禽育种公司利用丝羽乌骨鸡与其他品种鸡进行杂交后也选育出了一些高产群体并进行推广。

目前，国内乌骨鸡的品种选育工作开展得比较少，仅有少数几个大型家禽育种公司在进行高产种群的选育，而在绝大多数的乌骨鸡养殖场基本都是采用自繁自养的方式进行留种。

内容导读

乌骨鸡的品种
乌骨鸡的选种
乌骨鸡的繁育
乌骨鸡的人工授精

一、乌骨鸡的品种

(一)乌骨鸡的类型

目前,我国各地饲养的乌骨鸡,品种类型很多,体型外貌差异较大,总的来看可分为如下 4 种类型:

1. 传统的乌骨鸡

传统的乌骨鸡即泰和乌骨鸡或称丝羽乌骨鸡。这是我国公认的标准品种,也是被列入美洲家禽品种志的标准品种,具有 200 多年的育种历史,体型外貌相对一致,遗传性比较稳定,也是我国以往制中成药的药用鸡。

2. 地方良种鸡群

在我国不少省、区一些农村小群量存在一些乌骨鸡种群,其羽毛形状和颜色、体型大小不一致,但具备黑皮、黑腿、乌肉、乌骨的特点,如略阳乌骨鸡、雪峰乌骨鸡、郧阳乌骨鸡、淅川乌骨鸡等。

3. 培育种群

近年来我国一些科研单位和生产部门根据生产需要先后培育了一些乌骨鸡种鸡群,如湖北省农业科学院培育的金水乌骨鸡、江苏省家禽研究所培育的黑凤鸡、江苏省海安县的海安乌骨鸡等。

4. 杂交鸡

这类鸡在当前的乌骨鸡生产中所占比例最大。这些鸡有的是用乌骨鸡与其他鸡进行杂交后稍加选育保留那些黑皮黑腿的个体进行繁殖的,也有的是乌骨鸡群自群繁殖留种繁育的。这些鸡群的后代会出现较大的变异,如毛色深浅、羽毛形状、腿毛有无、生长快慢、体

型大小等会有不同。

目前，一些养鸡场用丝羽乌骨鸡与隐性白洛克进行杂交，培育出的体型较大的乌骨鸡，10 周龄体重可达 1.5 千克，胸部和腿部肌肉发育良好。

(二)乌骨鸡的品种

在《中国畜禽遗传资源志——家禽志》中记录了一些乌骨鸡品种或地方良种的特征和生产性能，这里介绍主要的几个品种。

1. 泰和乌骨鸡

泰和乌骨鸡(图 3－1)原产地为江西泰和县。泰和乌骨鸡，性情温驯，体躯短矮，骨骼纤细，头长且小，颈短，具有显著而独特的外貌特征与生物等特征，极易与其他品种区别。民间谓其有“十全”之说。

图 3－1　泰和丝羽乌骨鸡

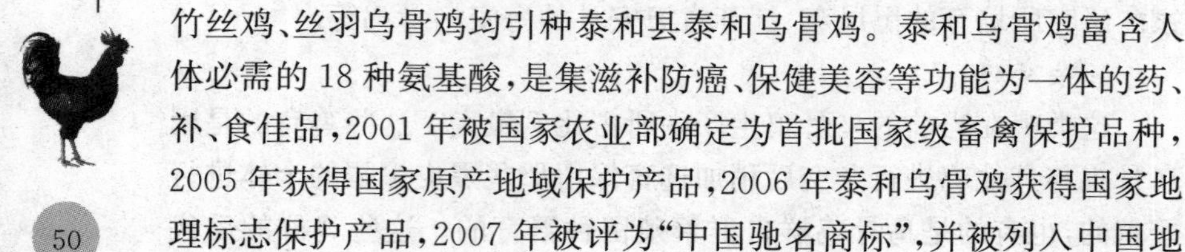

泰和县是泰和乌骨鸡发祥地，全国乃至全世界的白羽乌骨鸡或竹丝鸡、丝羽乌骨鸡均引种泰和县泰和乌骨鸡。泰和乌骨鸡富含人体必需的 18 种氨基酸，是集滋补防癌、保健美容等功能为一体的药、补、食佳品，2001 年被国家农业部确定为首批国家级畜禽保护品种，2005 年获得国家原产地域保护产品，2006 年泰和乌骨鸡获得国家地理标志保护产品，2007 年被评为“中国驰名商标”，并被列入中国地理标志产品名录。

泰和乌骨鸡体轻质弱，胆小怕惊，喜走善动，就巢性强，繁殖能力较低。成年公鸡体重1.5千克，母鸡体重1.00～1.35千克，母鸡开产日龄为156天，年产蛋量80～100枚，平均蛋重43克左右，蛋形指数1.2～1.3，蛋壳以灰白色和浅褐色为主，种蛋受精率89%，受精蛋孵化率85%～88%。母鸡就巢性强，在自然情况下，一般每产10～12枚蛋就巢1次，每次就巢在15天以上。

2. 雪峰乌骨鸡

雪峰乌骨鸡（图3－2）系湘西南雪峰山区经长期自然选育而成的乌骨鸡品种，原产地为湖南省怀化洪江市安江镇（原黔阳县）方圆20千米左右，因产地位于云贵高原雪峰山区的主峰地段，故得名。其体型中等，身躯稍长，体质结实，该鸡具有乌皮、乌肉、乌骨、乌喙、乌脚"五乌"特征。羽毛为正常的片羽，富有光泽，紧贴于身体。毛色有全白色、全黑色、黄杂色三种。单冠呈暗紫色（公鸡的鸡冠为紫红色），耳叶为绿色，虹彩棕色。成年公鸡后尾上翘呈扇形。

图3－2 雪峰乌骨鸡

6月龄成年公鸡平均体重为1.5千克，母鸡1.3千克，母鸡开产日龄为165天，公鸡开啼日龄平均为153天。500日龄平均产蛋115枚，平均蛋重46克，蛋壳多为淡棕色，也有白色。就巢性强，放牧条件下，种用公母比例为1∶(10～15)。

3. 余干黑乌骨鸡

余干黑乌骨鸡(图 3－3)原产地为江西省余干县。全身羽毛乌黑,片状羽毛,喙、皮、肉、骨、内脏、脚趾均为黑色。母鸡单冠、乌黑色,头清秀,眼有神,羽毛紧凑;公鸡色彩鲜艳,雄壮健俏,尾羽高翘,乌黑发亮,腿部肌肉发达,头高昂,单冠、暗紫红色。行动敏捷,善飞跃,觅食力与抗病力强,适应性广,饲料消耗少。

图 3－3　余干黑乌骨鸡

母鸡平均开产日龄 156 天。500 日龄平均产蛋 156 枚,平均蛋重 42 克。平均蛋壳厚度 0.32 毫米,平均蛋形指数 1.34。蛋壳浅灰白色。公、母鸡配种比例 1∶12。平均种蛋受精率 90%以上,平均受精蛋孵化率 90%以上。母鸡就巢性强,集中在 5～6 月第一个产蛋高峰期后,平均持续期 14 天。60 日龄 355 克;90 日龄公鸡 441 克,母鸡 393 克;成年公鸡 1 750 克,母鸡 1 350 克。

4. 四川山地乌骨鸡

四川山地乌骨鸡原产于兴文、沐川等县,近年来当地进行了闭锁繁育。该品种乌皮、乌肉、乌骨。羽毛片羽,羽色以全黑羽为主,少数为麻羽和白羽。单冠为主,少数为玫瑰冠,冠及肉髯母鸡乌黑,公鸡乌红。耳叶为乌色或翠绿色,喙、胫、趾乌黑。

该品种成年体重公鸡约 2.4 千克、母鸡约 1.95 千克,开产日龄为 165～180 天,年产蛋 140～150 枚,平均蛋重 53 克;母鸡有较弱的就巢性。经过选育的种群 70 周龄产蛋 145～172 枚,平均蛋重 55～

58克。

5.江山乌骨鸡

江山乌骨鸡原产地为浙江省江山市。该品种乌骨鸡羽毛纯白片羽，乌皮、乌肉、乌骨、喙、脚也有乌色，耳垂为雀绿色，单冠呈绛色，体态清秀，呈元宝形，眼圆大凸出。胫部多数有毛，4趾1距。

成年公鸡平均体重为1.9千克左右，母鸡1.6千克左右，平均开产日龄为184天，500日龄平均产蛋量为138枚，平均蛋重49克，蛋壳浅褐色。该鸡就巢性较弱。

6.盐津乌骨鸡

盐津乌骨鸡原产地为云南省盐津县。盐津乌骨鸡体型较大、近方形，头尾翘立，腿较高，体格坚实，体躯结构匀称，羽毛紧凑，肌肉发育良好。头大小适中、平头，喙长而适当，微弯曲，喙乌色。单冠直立，质地细致，冠齿5～7个。冠、肉髯、耳叶、眼、睑乌色。胸部发育良好，翅膀紧收。羽毛黑色、麻黄色、灰色、黑黄色、黄色、白色、红色，以黑色居多。皮肤乌色，多数无胫羽，胫、趾、肉、骨均呈乌黑色。

母鸡平均开产日龄210天。平均年产蛋140枚，高者可达190枚。平均蛋重57克，平均蛋形指数1.35，蛋壳浅褐色，少数白色。公鸡性成熟120～180天，公、母鸡配种比例1∶13。平均受精蛋孵化率80%。母鸡就巢性强，自然状态下年就巢5～6次，每次平均就巢持续30天。公鸡利用年限为1～2年，母鸡2～3年。

7.郧阳白羽乌骨鸡

郧阳白羽乌骨鸡原产地为湖北省郧县，以其单冠、绿耳、片羽、白毛、乌皮、乌骨、乌肉、翘尾、光胫、4趾为特征，当地俗称“乌骨鸡”或“药鸡”，属药、肉、蛋兼用型鸡种。

据郧阳白羽乌骨鸡繁育场对该场1 000只母鸡的观察记载，开产日龄为200天，年平均产蛋量为160枚左右，平均蛋重45.40克，蛋型正常、蛋壳为浅褐色。成年体重：公鸡约1.43千克，母鸡约1.31千克。母鸡就巢性较弱。

8.淅川乌骨鸡

淅川乌骨鸡产于河南淅川，具有“乌嘴、乌腿、乌皮、乌骨、乌肉”

的特征。白色鸡占绝大多数，主体为白片羽。公鸡颈羽较长，颈羽后侧及两侧长而尖，色彩美丽，又称为梳羽；尾羽可分主尾羽与覆尾羽，主尾羽高翘下弯，状如镰刀，覆尾羽稍短、弯曲；母鸡颈羽较短，末端钝圆，缺乏光泽；主翼羽一般 10 根，覆翼羽一般 11 根；主尾羽和覆尾羽结合紧凑，形成尖束状上翘；背羽较颈羽稍长，末端钝圆，相对偏稀疏；腹羽短而钝圆，紧凑附着乌骨鸡腹部；鞍羽着生于鸡背鞍部，相对公鸡明显短而钝圆。杂色母乌骨鸡占比例较少，但比杂色公鸡相对较多，以黄色片羽为主，其他芦花、浅麻次之，羽毛特征除颜色外，与白母乌骨鸡相同。绝大多数鸡没有胫羽。

成年公鸡体重约 1.38 千克，母鸡约 1.25 千克。开产日龄为 160～180 天，年产蛋约 150 枚，平均蛋重 46 克，蛋壳颜色主要为粉色和绿色。母鸡有就巢性。

9. 金湖乌凤鸡

金湖乌凤鸡是福建省泰宁县农业部门于 1995 年发现，经多年提纯、选育的肉蛋兼用地方品种，也称泰宁乌骨鸡，具有体型小、麻羽、凤头、绿耳、桑葚冠、毛脚、乌皮、乌骨、乌肉等典型特征，养殖上呈现野性强、觅食力强、适应性广、耐粗饲、抗病力强等特性，适合放牧饲养。公鸡羽色鲜艳，光泽亮丽，主翼羽为黑色，其左侧边上有一带状浅黄色镶边，副翼羽为棕红色，尾羽和镰羽为黑色。背、胸、腹羽为红黄色。母鸡羽色有麻羽和浅红羽 2 种，其中以麻羽居多，主翼羽和尾羽为黑色，头顶部生着一丛黑色缨状冠毛，颇具观赏价值。

金湖乌凤鸡成年鸡体重：公鸡平均为 2 000 克，母鸡平均为 1 500克。成年鸡半净膛屠宰率：公鸡为 93.58％，母鸡为 92.17％；全净膛屠宰率：公鸡为 76.58％，母鸡为 74.85％；平均开产日龄 180 天，平均年产蛋数 85.6 枚，平均蛋重 45 克，蛋壳颜色浅棕白色。公、母留种比例 1∶(8～12)。平均受精蛋孵化率 81.9％，入孵蛋平均孵化率 69％。母鸡就巢性强。

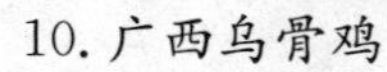

10. 广西乌骨鸡

广西乌骨鸡原产于广西东兰县、凌云县等地，肉蛋药兼用型地方品种，有东兰乌骨鸡和凌云乌骨鸡两个类群，东兰乌骨鸡羽色全黑，凌云乌骨鸡羽色以黄麻色为主。乌骨鸡的羽、皮、肉、骨、内脏皆黑。成年公鸡体重 1.5～2.1 千克，成年母鸡 1.5～1.7 千克，母鸡 150～180 日龄开始产蛋，年产蛋 70～120 枚，平均蛋重 50 克。广西乌鸡耐粗饲，适宜于山区和丘陵地区放养。

11. 无量山乌骨鸡

无量山乌骨鸡(图 3－4)原产于云南省普洱市景东彝族自治县的无量山、大理白族自治州南涧彝族自治县的无量山以及普洱市的哀牢山及两山之间的广大山区，中心产区为普洱市景东彝族自治县、镇沅彝族哈尼族拉祜族自治县和大理州南涧县。无量山乌骨鸡体型大，头较小，颈长适中，胸部宽深，胸肌发达，背腰平直，骨骼粗壮结实，腿粗，肌肉发达，体躯宽深，呈方形。羽毛为片羽，颜色以黄羽居多、少数为黑羽或白羽，头尾昂扬，耳多为灰白、部分有绿耳，喙平，上喙弯曲，喙、胫、趾为铁青色，皮肤多为黑色，少部分为白色，脚有胫羽、趾羽，故称“毛脚鸡”。有高脚、短脚、单冠、复冠，白羽黑肉、黑皮黑骨黑肉鸡等几个类群。

图 3－4　无量山乌骨鸡

母鸡开产日龄 170～200 天，年产蛋 90～130 枚，300 日龄平均蛋重 45 克。蛋壳色泽为浅褐色，少部分为粉白色。母鸡一年四季都能产蛋、孵化，每次产蛋 18～20 枚后停产就巢；种蛋受精率为85%～95%，受精蛋孵化率 90%左右；自然放养饲养条件下，1 年内就巢5～6 次，每次就巢 25～30 天。一般成年公鸡体重为 2.0～2.4 千克、母鸡体重1.9千克，公鸡屠宰率88%、母鸡屠宰率91%。

12. 乌蒙乌骨鸡

乌蒙乌骨鸡主产于云贵高原黔西北部乌蒙山区的毕节市、织金、纳雍、大方、水城等地。经毕节地区畜牧科学研究所进行选育后，特征更趋一致。

乌蒙乌骨鸡体型中等，公鸡体大雄壮，母鸡稍小紧凑。羽色以黑麻色、黄麻色为主，少数白色、黄色和灰色。羽状多为片羽，少数翻羽。多为单冠，公鸡冠大耸立，个别有偏冠，冠齿7～9个，肉髯薄而长，母鸡冠呈细锯齿状。冠、喙、脚、趾、泄殖腔、皮肤、耳呈乌黑色。大部分鸡的皮肤、口腔、舌、气管、嗉囊、心、肺、卵巢、肠、肾脏、胰脏、骨膜、骨髓乌黑色。肌肉乌黑色较浅，颈部、背部肌肉乌黑色偏重。少数有胫羽。

平均体重：成年公鸡2 100克，母鸡1 800克。成年公鸡平均半净膛屠宰率77.90%，母鸡78.48%；成年公鸡平均全净膛屠宰率67.96%，母鸡68.99%。母鸡平均开产日龄165天，平均年产蛋115枚，平均蛋重48.5克。平均蛋形指数1.37。蛋壳浅褐色或灰白色。公鸡性成熟期165～180天。公母鸡配种比例1∶(10～12)。平均种蛋受精率96%，平均受精蛋孵化率74%。母鸡就巢性强，每年4～5次，平均就巢持续期为18天。

13. 他留乌骨鸡

他留乌骨鸡原产于云南省丽江市永胜县六德傈僳族彝族乡的营山、双河、玉水3个村，也因彝族分支他留人所饲养而得名。他留乌骨鸡体型高大、腿粗胫长，单冠、绿耳，喙、舌、皮、骨、内脏、脚等俱乌，羽毛主要有白色、红色、麻黄色、麻青色等。成年公鸡生长周期6个月，母鸡7个月。生长速度与金湖乌骨鸡相当，快于泰和乌骨鸡。成年公鸡体重可达2.4千克，成年母鸡1.95千克。他留乌骨鸡母鸡开产日龄为180～210天，年产蛋80～120枚，蛋重45～60克，蛋壳颜色为浅褐色或灰白色。母鸡有就巢性。

14. 黑凤鸡

黑凤鸡(图3-5)是利用丝羽乌骨鸡与黑色羽毛的地方鸡种或

外来鸡种进行杂交后选育出的黑色丝羽乌骨鸡。由于在不同省市都有杂交选育出的群体，尚不能确定为一个品种。其外貌特征为黑丝毛、乌皮、乌肉、乌骨、从冠、凤头、绿耳、胡须、毛腿、五爪十全特征。成年公鸡体重 1.25～2.0 千克，成年母鸡体重 1.0～1.5 千克，母鸡年产蛋 140～160 枚，蛋壳多为褐色，平均蛋重 40～48 克，种鸡 6 月龄开产，黑凤鸡的脚趾为黑色，舌多为浅乌色或黑色。

图 3-5　黑凤鸡

苏禽黑羽乌骨鸡由江苏省家禽研究所利用土种黑羽乌骨鸡经进一步杂交改良选育而成的。全身羽毛黑色绒丝状，个别部位羽毛片状.头部有黑色凤冠(故而也称黑凤鸡)，喙、腔、皮肤、骨膜均为黑色，胸、腿部肌肉为浅乌色。商品鸡 10 周龄平均体重约为 1 千克，每千克增重的耗料量约为 3 千克。种鸡年产蛋 150 枚左右。

15.温氏乌骨鸡

温氏乌骨鸡是广东温氏集团利用丝羽乌骨鸡与隐性白(或其他白羽鸡)杂交后选育出的乌骨鸡种群，具有凤冠、缨头、绿耳、胡须、丝毛、毛脚、五爪、乌皮、乌骨、乌肉十大特征。

二、乌骨鸡的选种

(一)专用品系的选育

对于大型家禽育种公司培育的乌骨鸡配套系一般都是采用专用

品系选育，然后再进行杂交组合实验进行配合力测定，决定推向市场的组合方式。通常专用品系指父本品系和母本品系。

1. 父本品系的选育

任何一个乌骨鸡品种或地方良种或优良种群，在建立父本品系的时候首先要考虑的是每个个体的外貌特征要符合种群的特定要求，在此基础上要求入选的个体体质健壮、胸部和腿部肌肉比较丰满、12 周龄体重较大（这样的种公鸡其后代的早期生长速度才比较快）。通常在后备鸡群中将符合外貌、体质、体型要求的个体中将体重在前 10%～20%的个体留作后备种鸡。公鸡和母鸡都应按此要求进行选留，每个世代公鸡的选留数量应在 50 只以上、母鸡应在 300 只以上。经过 5 代以上的严格选留，就能够获得理想的父本品系种群。

2. 母本品系的选育

对于母本品系的选留，一方面要求其外貌特征符合选留标准，另一方面要采用个体笼饲养方法，记录每只鸡 300 日龄前的产蛋数量、合格种蛋数量，将这两项指标位居前 30%的个体留作种用，每个世代选留的个体数量不少于 500 只。将这两项指标位居 15%的母鸡所产种蛋孵化出的公雏留作后备种鸡，每个世代选留的公雏数量不少于 80 只。

（二）本品种选育

在地方良种乌骨鸡选育方面应该尽量采用本品种选育方法，这种方法是在现有鸡群的基础上将外貌特征明显、体质健壮、生产性能表现良好、就巢性弱或无就巢性的个体选留出来建立核心种群。以后每个世代都用核心群扩繁，在扩繁的后代中继续选留外貌特征明显、体质健壮、生产性能表现良好、就巢性弱或无就巢性的个体作为下一代核心群，如此反复就能够选育出本品种特征明显、生产性能表现良好的种群。

（三）杂交利用的亲本选育

现实生产中也有不少情况是利用杂交方式生产商品乌骨鸡的，尤其是提供屠体乌骨鸡，消费者无法了解乌骨鸡的羽毛特征，屠宰后只要屠体的皮肤、胫爪、喙是黑色的即可。对于这种情况，最关键的是选好种公鸡，要求其必须具备黑皮、黑肉、黑骨、紫冠、紫舌的特征，只有这样的公鸡与其他非乌骨鸡的母鸡杂交后才能使后代的皮肤、胫爪和鸡冠等呈现乌黑色。

三、乌骨鸡的繁育

(一)根据外貌特征选留种鸡

这种选育方法主要适用于各个地方品种乌骨鸡的本品种选育。通过对外貌特征和生产性能的连续选择，能够使种群的外貌特征更趋于一致，使生产性能得到一定程度的提高。

根据外貌特征选择，必须具有品种特征、羽毛、体型符合品种要求，符合乌皮、乌骨、乌肉标准。种鸡须发育正常，精神状况良好。眼大有神，姿势平稳，胸宽体直，羽毛光亮，无病无残，性征明显方可留作种用。如:标准丝毛乌骨鸡的外貌应具备“十全”特征，同时眼要有神，体型呈元宝形，站立时姿态平稳，走动时步伐自由灵活，头颈匀称，胸宽，龙骨直，产蛋多，换羽快，就巢性弱，公鸡雄性强，第二性特征明显。

由于目前市场上有很多杂交乌骨鸡，生长速度快、体型大、产肉量高，皮肤也是乌青色，很容易给人造成一种假象，即这样的乌骨鸡留作种用有利于提高后代的生产性能。实际上，由于这样的杂交鸡纯度差，杂交后代会出现性状和性能的分化，不适宜作种用。用作种用的乌骨鸡纯度越高其杂交利用的效果越好。实践经验表明，观察乌骨鸡舌头的颜色是一个比较可靠的判断指标，如果舌头颜色发紫则该鸡的纯度高，如果颜色发红浅乌则不纯。

(二)高产乌骨鸡种群的杂交选育

这种选育方法是当前乌骨鸡养殖场常用的方法，目的在于提高鸡群的生产性能，以获取更高的效益。

目前，很多乌骨鸡场饲养的乌骨鸡是杂交乌骨鸡，其特点是具备丝羽乌骨鸡的外貌特征，但是种鸡的产蛋量更高、仔鸡的生长速度更

快、体重更大，胸部和腿部肌肉更发达，在市场上也受到很多消费者的喜爱。

杂交选育的步骤如下：

1. 选择杂交亲本

一般使用丝羽乌骨鸡作为一个亲本，使用隐性白肉鸡或其他类型的快大型肉鸡或优质肉鸡的父母代种鸡作另一个亲本。

2. 制订杂交组合方案

如果选育目标是快大型白丝羽乌骨鸡，则可以用标准的丝羽乌骨鸡与隐性白肉鸡或其他白羽快大型肉鸡（如罗斯308、AA等）进行杂交。既可以正交（标准的丝羽乌骨鸡公鸡与隐性白肉鸡或其他白羽快大型肉鸡种母鸡杂交），也可以反交（标准的丝羽乌骨鸡母鸡与隐性白肉鸡或其他白羽快大型肉鸡种公鸡杂交）。杂交后代羽毛颜色基本都是白色的，背部和翅膀的羽毛基本是片羽，皮肤颜色为浅黑色。杂交一代的乌骨鸡特征不太显著，可以用乌骨鸡种公鸡再与杂交一代的母鸡进行级进杂交，杂交二代的乌骨鸡特征就比较明显。

如果选育目标是黄色或黑色丝羽乌骨鸡，则可以用标准的丝羽乌骨鸡与纯种的黄羽品种鸡（如湖南的桃源鸡、广东的惠阳胡须鸡、河南的固始鸡等）或黑羽品种鸡（如四川的旧院黑鸡、江苏的黑狼山鸡、福建的德化黑鸡等）进行杂交。杂交后代羽毛颜色基本都是黄色或黑色的，背部和翅膀的羽毛基本是片羽，皮肤颜色为浅黑色；再经过一次级进杂交其后代乌骨鸡的特征明显。

3. 选育

在杂交后代中选择皮肤、喙和腿为黑色，体质健壮、体重发育较快的公、母鸡作为种鸡，饲养到性成熟后再次用纯种乌骨鸡的种公鸡进行杂交。在杂交后代中选择羽毛为丝羽（个别优秀个体的尾部和翅膀可以有少数片羽）、皮肤、喙和腿为黑色，生长速度较快的个体继续留作种鸡进行繁殖。经过这样5～6个世代的连续选育，后代的性状就比较稳定、外貌特征一致、生产性能明显提高，就形成了一个优秀的乌骨鸡种群。

四、乌骨鸡的人工授精

目前，在很多规模化乌骨鸡养殖场内种鸡都采用笼养方式，繁殖方面采用人工授精技术。

（一）种公鸡选的要求

1. 种公鸡的选留

要求选留出的个体要符合该品种的外貌特征、健康状况好，有一定营养体况、第二性征明显、性欲旺盛。

2. 种公鸡的饲养管理

采用专用的公鸡个体笼饲养。使用粗蛋白质含量为13%～14%，钙的含量为1.3%左右的配合饲料，饲料中严格控制棉仁粕、菜籽粕的用量，最好不用。每天光照时间要求为14～15小时，温度控制在10～30℃。

3. 剪毛

在采精训练开始之前应将公鸡肛门周围的羽毛剪去，要求公鸡的肛门能够显露出来，以免妨碍采精操作或污染精液。剪毛时剪刀贴近皮肤，但要防止伤及皮肤。

（二）种公鸡的采精训练

1. 采精用具

小玻璃漏斗形采精杯或试管。

2. 公鸡的训练

公鸡在正式开始人工授精前10天左右开始采精训练。每天训练1～2次，经3～5天后大部分可采取精液，此后坚持进行以建立条件反射。训练期间对精液品质差者、采不出精液者、精液和粪便一起排放者要淘汰。

3. 采精方法

在生产上多数情况下是3人为1个小组，2人抓鸡和保定、1人采精。

（1）鸡的保定　保定人员打开笼门后双手伸入笼内抱住公鸡的

双肩，头部向前将公鸡取出鸡笼，用食指和其他三个指头握住公鸡两侧大腿的基部，并用大拇指压住部分主翼羽以防翅膀扇动，使其双腿自然分开，尾部朝前、头部朝后，保持水平位置或尾部稍高，保定者小臂自然放平将鸡固定于右侧腰部旁边，高度以适合采精者操作为宜，见图3-6。也可以采用其他保定方法，只要不对公鸡造成不良刺激，有利于保定和采精操作就可以。

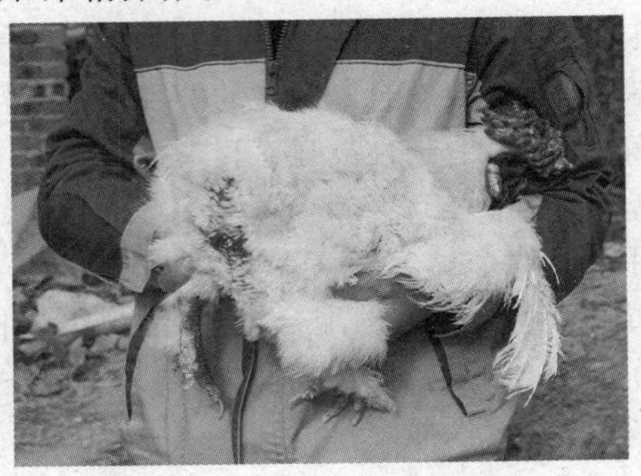

图3-6　种公鸡的保定方法

（2）采精操作　常见的为背腹结合式按摩法：采精者右手持采精杯（或试管）、夹于中指与无名指或小拇指中间，站在助手的右侧，与保定人员的面向呈90°，采精杯的杯口向外，若朝内时需将杯口握在手心，以防污染采精杯。右手的拇指和食指横跨在泄殖腔下面腹部的柔软部两侧，虎口部紧贴鸡腹部。先用左手自背鞍部向尾部方向轻快地按摩3～5次，以降低公鸡的惊恐感，并引起性感，接着左手顺势将尾部翻向背部，拇指和食指跨捏在泄殖腔两侧，位置中间稍靠上。与此同时采精者在鸡腹部的柔软部施以迅速而敏感的抖动按摩，然后迅速地轻轻用力向上抵压泄殖腔，此时公鸡性感强烈，采精者右手拇指与食指感觉到公鸡尾部和泄殖腔有下压感觉，左手拇指和食指即可在泄殖腔上部两侧下压使公鸡翻出退化的交接器并排出精液，在左手施加压力的同时，右手迅速将采精杯的口置于交接器下方承接精液。

若用背式按摩采精法时，保定方法于上同，采精者右手持杯置于

泄殖腔下部的腹部柔软处，左手公鸡翅膀基部向尾根方向按摩。按摩时手掌紧贴公鸡背部，稍施压力，近尾部时手指并拢紧贴尾根部向上滑过，施加压力可稍大，按摩 3～5 次，待公鸡泄殖腔外翻时左手放于其尾根下，拇、食指在泄殖腔上两侧施加压力，右手将采精杯置于交接器下面承接。

上述方法是对新公鸡的采精训练，通过 7～10 天的训练就能够使公鸡建立条件反射，种公鸡条件反射建立起来后再采精就不需要按摩，可以直接挤压泄殖腔就能够采集精液。

(三)采精注意事项

第一，要保持采精场所的安静和清洁卫生，防止采精过程中公鸡受惊吓以及杂物落入精液中；第二，采精人员要相对固定，不能随便换人，这样有利于公鸡形成条件反射；第三，在采精过程中一定要保持公鸡舒适，捕捉、保定时动作不能过于粗暴，不惊吓公鸡或使公鸡受到强烈刺激；第四，挤压公鸡泄殖腔要及时和用力适当，如果用力太大则可能造成透明液产生过多，甚至造成泄殖腔黏膜出血；第五，整个采精过程中应遵守卫生操作，每次工作前用具要严格消毒，工作结束后也必须及时清洗消毒，工作人员手要消毒、衣服定期消毒，遇到公鸡排粪要及时擦掉，如果粪便污染精液则不要接取，遇到有病的公鸡要标记、隔离，不要采精；第六，当外界气温低于 28℃的时候，采出的精液要保存于 30～35℃的保温杯内备用，也可以把储精试管握在手中。

(四)输精技术

1. 输精用具

采用普通细头玻璃胶头滴管，输精枪，微量移液器。

2. 输精方法

一般采用输卵管口外翻输精法，也称阴道输精法。输精时 3 人 1 组，其中 2 人负责抓鸡和翻泄殖腔，1 人输精操作。每组 3 人，每天下午能够输精 1 200～1 500 只母鸡。

(1)抓鸡方法 第一种方法是操作时抓鸡人员左手抓住母鸡双翅基部从笼内取出，使母鸡头部朝向前下方，泄殖腔朝上，右手大拇

指在母鸡后腹部柔软部位向前稍施压力进行推挤，其余四指压在母鸡尾部腹面，泄殖腔即可翻开露出输卵管开口，然后转向输精人员后者将输精管插入输卵管内即可输精。输精结束后把母鸡放进笼内。第二种方法可以用左手握住母鸡的双腿，将鸡后躯拉出笼门，右手大拇指在母鸡后腹部柔软部位向前稍施压力进行推挤，其余四指压在母鸡尾部腹面，泄殖腔即可翻开露出输卵管开口。

对于笼养母鸡可以不拉出笼外，输精时助手伸入笼内以食指放于鸡两腿之间握住鸡的两腿基部将尾部，双腿拉开笼门（其他部分仍在笼内）。使鸡的胸部紧贴笼门下缘，左手拇指和食指放在鸡泄殖腔上、下侧，按压泄殖腔，同时右手在鸡腹部稍施压力即可使输精管口翻出，输精者即可输精。

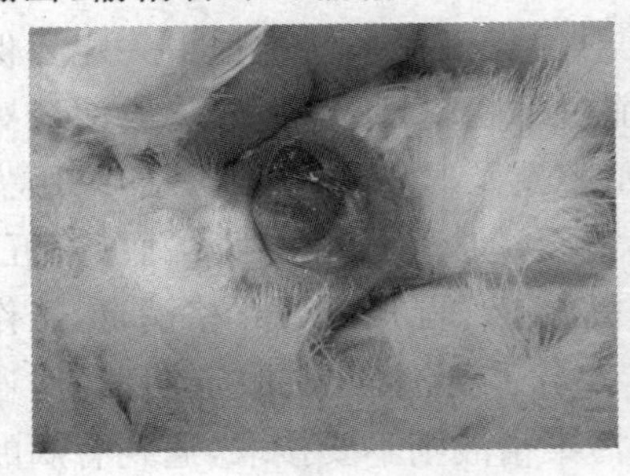

图 3-7　翻开后的母鸡泄殖腔（显示输卵管开口）

如果没有翻开鸡的泄殖腔，不要继续用力，说明这只鸡没有产蛋。只要是处于产蛋期间的母鸡，泄殖腔很容易翻开。

（2）输精操作　输精人员左手握储精试管，右手持输精器械（滴管或输精枪等），待抓鸡人员将母鸡泄殖腔翻开后，将滴管前端插入输卵管开口内，挤出精液，拔出输精器械。

3. 输精时间

输精时间对种蛋受精率影响很大，当母鸡子宫内有硬壳蛋存在时输精则种蛋受精率很低。因此，应在鸡子宫内无硬壳蛋存在时输精。鸡一般在下午 2～7 点输精，此时母鸡基本都已在下午输精，基本都已产过蛋。

生产中一般当种鸡群产蛋率达到 50%左右开始输精。个别情况下也可以在产蛋率达到30%的时候开始输精。

4. 输精间隔

关于两次输精的间隔时间以4～5天为宜。生产上一般把鸡舍内的鸡群分为4部分，每天为其中一部分输精，4部分全输完后休息1天，再开始下一轮输精。输精间隔超过7天种蛋受精率会受影响。如果间隔时间过短(少于3天)也不能提高种蛋受精率。

5. 输精深度

以输卵管开口处计算，输精器插入深度为2～3厘米。深度不够再输精后容易造成精液回流；深度过大容易造成输卵管的损伤。

6. 输精剂量

输精剂量同样会影响种蛋受精率。若用未经稀释的原精液输精，鸡每次为0.025～0.03毫升，若按有效精子数计算，每次为0.7亿个，总精子数最好为1亿个；第一次输精剂量加倍。

(五)输精注意事项

1. 保证精液新鲜

精液采出后应尽快输精，未稀释(或用生理盐水稀释)的精液要求在30分输完。由于乌骨鸡精液中几乎不含糖，精子在体外保持受精能力的时间比较短，如果超过30分就会导致精子衰弱、受精能力下降，用这样的精液输精很可能出现种蛋受精率低的现象。

2. 精液应无污染

凡是被污染的精液必须丢弃，不能用于输精。精液污染主要因为采精场所卫生状况不好，粉尘较多并落入精液中；也可能是在采精的时候公鸡排出粪便，或公鸡出现拉稀问题而造成肛门周围沾染有粪便，精液在外排的时候与粪便混合。被污染的精液不仅其中精子的受精能力下降，甚至有可能造成母鸡输卵管炎症的发生。

3. 输精剂量要足够

根据输精要求，每次必须输入规定的剂量并保证每次输入足够的有效精子数。如果更换输精用滴管则要先试一试，吸多少才能保证滴下时有绿豆样完整的一滴。如果采出的精液比较稀也需要加大输精量。

4. 减少对母鸡的不良刺激

输精过程中如果母鸡受到较大的刺激会影响其产蛋率。减少或减轻对母鸡的不良刺激主要关注几个环节：抓取母鸡和输精动作要轻缓，插入输精管时不能用力太大以免损伤输卵管；翻泄殖腔时对母鸡后腹部施加的压力要适当，如果用力太大则可能造成大卵泡的破裂；输精后放母鸡回笼时都应该注意减少对母鸡可能造成的损伤。

5. 防止精液回流

输精后精液回流是指精液从输卵管内回流到泄殖腔或输精滴管内，真正进入输卵管内的精液量不足，这会影响种蛋的受精率。防止精液回流的措施主要有：输精深度合适，滴管前端插入输卵管内深度应有 2 厘米，深度不够容易使精液回流到泄殖腔；在输入精液的同时要放松对母鸡腹部的压力，能够防止精液回流；在抽出输精管之前，不要松开输精管的皮头，以免输入的精液被吸回管内，然后轻缓地放回母鸡；输精时防止滴管前端有气柱而在输精后成为气泡冒出。

6. 注意输精卫生

保证输精的卫生是防止母鸡感染疾病的重要措施。每输一只鸡换一个输精器是最卫生的，但是实际生产中很难做到，一般要求多备几套输精器，每输 1 只要用棉球或软纸擦净输精滴管后再用，当输完约 20 只鸡后换 1 个输精滴管。发现患病母鸡应及时隔离，不对其输精以防精液污染和疾病传播。输精时遇到母鸡排粪要用软纸擦净后再输。

7. 防止漏输

第一是在一管精液输完后要做好标记，下一管精液输精时不会弄错位置；第二防止抓错鸡；第三输精时发现母鸡子宫部有硬壳蛋时可以将其放在最后输精。

第四章　乌骨鸡的饲料

饲料是乌骨鸡健康和生产的重要基础，它不仅关系到乌骨鸡的生长速度，也直接影响乌骨鸡的健康，任何一种营养素的缺乏都可能会出现缺乏症，有些营养素含量过高还会有中毒性表现，饲料的成分会影响鸡肉和鸡蛋的品质。因此，饲料对于乌骨鸡的健康和高产具有很重要的意义。

内容导读

配制乌骨鸡饲料的常用原料

饲料原料使用时注意的问题

商品饲料类型与使用

乌骨鸡的饲料营养标准与配方示例

饲料的形态

饲料的加工

一、配制乌骨鸡饲料的常用原料

(一)配制乌骨鸡饲料常用的原料类型

配制营养完善、消化利用率高的饲料是提高种乌骨鸡繁殖率、商品乌骨鸡生长速度和改善饲料报酬、提高鸡群成活率的重要基础条件。

任何一种单一的饲料原料对乌骨鸡来说其营养都不可能是平衡的,其所含的某种营养素不是偏高就是偏低,甚至缺乏。因此,使用单一原料是不可能养好乌骨鸡的。

不同类型的饲料原料具有不同的营养特点,主要的营养素含量也有较大差别。为了配制出适于乌骨鸡生产需要的营养平衡的全价饲料就必须将多种饲料原料按一定的比例搭配使用。

常用的饲料原料主要有:能量饲料(谷物和油脂)、蛋白质饲料、青饲料、粗饲料、矿物质饲料和饲料添加剂。其中青饲料只作为补充使用,不考虑在配合饲料中的所占比例。其他各种类型原料在配合饲料中所占的比例如下:能量饲料 60%～65%、蛋白质饲料 18%～26%、粗饲料 2%～6%、矿物质饲料 1%～8%、添加剂 0.3%～1.0%。

(二)常用的谷物原料

在乌骨鸡饲料配合中常用的谷物如下:

1. 玉米

玉米的应用最普遍、用量也最大。玉米中含淀粉多,且消化率高,并含有约 4%的粗脂肪,因而其代谢能值也较高。玉米中所含的较多的亚油酸是雏鸡生长和种鸡产蛋所必需的营养素。玉米中的黄色素对于加深蛋黄的颜色是十分重要的。

玉米的质量要求：含水量应控制在14%以下，以免受潮发霉、变质；新玉米含水率较高，如果堆积存放很容易引起发热、发霉。如果玉米收获期处于多雨天气，更容易发生大面积的玉米发霉现象，发霉的玉米其胚芽部位由灰黄色变为蓝绿色，这样的玉米品质差，作为饲料原料喂饲乌骨鸡后容易引起肝脏肿大破裂，也影响其生长发育和产蛋。此外，被虫蛀的玉米品质也会变差，营养价值显著下降。玉米颗粒在完整的状态下储存不容易变质，如果破碎后由于籽粒表面的保护膜被破坏，不便于长时间储存。

2.小米

由于谷子的种植面积小、产量低、价格高，目前在雏鸡饲养时可以使用，很少用在青年乌骨鸡和成年乌骨鸡的饲料中。其代谢能水平、粗蛋白质及蛋氨酸、色氨酸的含量均高于玉米。作为能量饲料其价格相对偏高。

3.碎大米

在我国淮河以南广大地区广泛种植水稻，在利用水稻加工大米过程中产生的碎米粒称为碎大米。作为人类的食品，碎大米的价格很低而且不受消费者欢迎，常常用作饲料原料。其粗蛋白质含量和代谢能水平与玉米相似，但其中几乎不含黄色素。

4.小麦

目前，已经有一些鸡场使用小麦代替部分玉米作为能量饲料。小麦的蛋白质含量比玉米高，但是代谢能水平较低，也缺乏黄色素。此外，若小麦用量过大还可能造成脂肪肝综合征的发生。

在某些地区、某些年度小麦的价格低于玉米，一些养鸡场、养鸡户就会利用小麦替代一部分玉米作为能量饲料。在替代时应注意以下几方面的问题：一是应适量添加油脂，玉米中油脂含量约为3.5%，小麦约为1.8%，玉米的代谢能值比小麦高5.2%左右。在配制饲料时若使用10%的小麦就应相应增加0.2%的油脂，以保证能量值的稳定。此外，玉米油中含有50%左右的亚油酸，这是保持良

好产蛋率和较高蛋重的重要条件。因此，添加的油脂中应含有较多的亚油酸（如豆油、玉米油等）。二是可适当减少蛋白质饲料用量，因为小麦的粗蛋白质含量为12.1%左右，比玉米（8.6%）高52.3%，若在配合饲料中使用20%的小麦替代等量的玉米则蛋白质的含量会增加0.9%，这相当于2%的优质豆粕或2.34%的菜籽粕中粗蛋白质的含量。三是适当添加饲料酶制剂，与玉米相比，小麦当中含有的非淀粉多糖较多，乌骨鸡对非淀粉多糖（粗纤维的组成成分）的消化率很低。有些非淀粉多糖在胃肠道内溶于水中会使消化道内的食物发黏，不仅影响食物的消化吸收，还会使粪便发黏，易粘于羽毛及蛋壳上。添加饲料酶制剂则可以明显提高小麦的消化利用率。四是在种鸡日粮中应添加着色剂，因为小麦中几乎不含类胡萝卜素物质，若在饲料中较多使用则会使种蛋的蛋黄颜色呈灰白色，影响其外观质量。

5.膨化大豆

目前在养鸡生产中使用的主要是膨化大豆粉，以大豆为原料，整粒粉碎后经湿法膨化加工而成。膨化全脂大豆粉，保留了大豆本身的营养成分，去除了大豆的抗营养因子，营养价值高，具有浓郁的豆香味，适口性好，养分消化率高，在畜禽及水产料中得到了广泛的使用。产品的水分含量为10%～12%、粗蛋白质约为35%、粗脂肪约为16%、粗纤维约为7%。

(三)油脂

油脂是一类高能饲料，每克油脂中所含的代谢能是玉米的2.5倍左右，为29～33兆焦/千克。除脂溶性维生素外不含其他常量营养物质。

生产中使用的油脂有玉米油、豆油、菜籽油、鱼油、猪油，牛油、混合油脂等。添加油脂不仅可以提高饲料的能量水平，还可以改善饲料的适口性和物理性状（如外观较好、粉尘较少等）。

油脂的添加量在配合饲料中占1.5%～3%，用量过大则会降低饲料的利用效果，也使饲料成本明显增加。氧化、酸败的油脂不能使用。油脂的添加应尽可能拌匀，冬季常需要加温融化后才能使用。

(四)常用的饼粕类饲料

饼粕类饲料是乌骨鸡生产中常用的植物性蛋白质饲料，在全价配合饲料中的用量占15%～25%。在配制乌骨鸡饲料中常用的饼粕类饲料种类及其营养特点如下：

1.豆粕

豆粕是黄豆(大豆)经压榨、浸提脱油后的副产品，是配制乌骨鸡饲料应用最普遍的油粕，其营养学品质也比其他油粕优秀。

豆粕中的粗蛋白质含量为41%～46%，在其氨基酸组成中赖氨酸含量较高而蛋氨酸含量偏低，其代谢能水平为10.3兆焦/千克左右。

优质的豆粕外观为黄褐色，有豆香味；加热不足或未加热的外观颜色较浅或呈灰白色，有豆腥味，其中含有胰蛋白酶抑制因子和植物凝血素，会影响乌骨鸡对饲料的消化及健康；加热过度的豆粕为暗褐色，其中的赖氨酸消化率会明显降低。

豆饼是黄豆经压榨脱油后的副产品，其蛋白质含量较低(38%～42%)，但含油较多，故代谢能值较高(约为11.05兆焦/千克)。

目前，生产的去皮豆粕其品质更为优良，它是先将豆子的表皮脱去后再进行压榨和浸提处理。豆皮中粗纤维含量高，去掉后豆粕中粗纤维含量显著减少，其他营养素的含量就相应提高。

2.菜籽粕

为油菜籽压榨、浸提脱油后的副产品，也是常用的一种蛋白质饲料原料。

菜籽粕中粗蛋白质的含量为36%～42%，其氨基酸组成特点是蛋氨酸含量较高，赖氨酸含量中等，精氨酸含量较低。菜籽粕中硒、维生素B_2和磷的含量较高，代谢能水平较低(约为8兆焦/千克)。

菜籽粕中含有的硫葡萄糖苷类化合物在动物体内分解会生成有毒的噁唑烷硫酮，会引起乌骨鸡的甲状腺肿大。其所含的其他有害物质还会对消化道黏膜、肝脏功能产生损害，也影响饲料的适口性。

目前菜籽粕的脱毒方法有碱处理法和土埋法，但都不适于配合饲料生产应用。目前，主要是控制其在配合饲料中的用量，雏鸡饲料中不超过5%,青年鸡和成年鸡饲料中不超过8%。目前,培育的“双低”油菜品种其有害物质的含量显著降低。

与豆粕相比菜籽粕中营养的消化率较低(约为豆粕的75%),这与菜籽有一层较硬的外壳有一定关系。国外在研究菜籽的脱壳榨油工艺,脱壳后的菜籽粕消化率会明显提高。

3. 棉仁粕

将棉籽脱壳后用棉仁压榨、浸提脱油后的剩余物,其粗蛋白质的含量为35%~45%,代谢能约为8兆焦/千克。

在其氨基酸组成上,精氨酸含量过高,赖氨酸和蛋氨酸含量较低。与菜籽粕搭配使用可使氨基酸间起到较好的互补作用。

棉仁粕中含有棉酚及环丙烯类脂肪酸两类有毒物质。棉酚含量偏高会影响乌骨鸡的生长速度和繁殖能力,严重时造成死亡。环丙烯类脂肪酸与棉酚协同会引起蛋黄变褐、变硬,蛋存放一段时间后会使蛋清变为粉红色。使用棉仁粕较多还会影响蛋壳的外观质量。

棉仁粕的质量受其棉籽壳含量的影响较大,有的加工厂脱壳不净或榨油时另添入棉籽壳都会使棉仁粕的营养价值明显降低。

棉仁粕的脱毒方法常用的是加入占棉仁粕重量2.5%的硫酸亚铁均匀搅拌。另外,在配合饲料中的用量应控制在8%以下,种鸡日粮中尽量不使用。

4. 花生饼

花生饼是脱壳花生经压榨脱油后的副产品。粗蛋白质含量为40%~48%,代谢能水平为11.7~12.5兆焦/千克,实际的营养水平受其中花生壳含量的影响很大。

花生饼中赖氨酸和蛋氨酸含量低,精氨酸含量过高,宜与菜籽粕搭配使用。

花生饼在含水量高、温度较高的条件下容易被黄曲霉菌污染,产生黄曲霉毒素,极易造成乌骨鸡中毒,购买使用时应仔细检查。

5. 芝麻饼

芝麻饼是芝麻榨油后的副产品。其粗蛋白质含量为38%~41%,代谢能水平为8.6~9.4兆焦/千克。

芝麻饼中蛋氨酸和精氨酸含量高，赖氨酸含量不足，不含毒素类物质。

芝麻饼的适口性不好，配合饲料中用量过大会影响乌骨鸡的采食量。适量使用芝麻饼有助于改善褐壳蛋鸡的蛋壳外观质量。

加工小磨香油后剩余的泥状物经脱水处理后也可少量添加于种乌骨鸡日粮中。

6. 葵花籽粕

葵花籽粕是葵花籽脱油后的副产品，其品质受其中壳含量的影响非常大。脱壳后榨油则粕的营养价值较高，粗蛋白质含量可达30%～35%，代谢能值约为6兆焦/千克。

优质的脱壳葵花籽粕在乌骨鸡饲料中的用量不宜超过5%。

7. 玉米蛋白粉

玉米蛋白粉在利用玉米加工淀粉的同时会生产出多种副产品，如玉米麸料、胚芽饼、蛋白粉等。

玉米蛋白粉中不含玉米皮，其粗蛋白质的含量为25%～40%，鸡对其蛋白质的消化率为81%左右。其氨基酸组成特点是赖氨酸及色氨酸含量低，蛋氨酸及精氨酸含量较高。

玉米蛋白粉的代谢能值为7.5～10兆焦/千克。

玉米蛋白粉中含有较多的类胡萝卜素，其色素中的叶黄素对于改善蛋黄颜色及皮肤颜色有良好效果。

玉米蛋白粉不宜在配合饲料中用量过多，尤其是在以玉米作为主要的能量饲料的情况下更是如此。

8. DDGS

DDGS是利用玉米发酵生产乙醇的副产品，将发酵后的固形物经过挤压脱水和烘干处理、粉碎后制成。粗蛋白质的含量在22%～26%，其氨基酸组成与玉米的氨基酸组成相似；粗脂肪含量为6%～9%。

(五)动物性蛋白质饲料

1. 鱼粉

鱼粉是海洋捕鱼中将鱼烘干脱油后制成的，是一种营养价值很高的饲料原料，20世纪80年代曾是鸡饲料中不可缺少的一种原料。

我国使用的鱼粉主要来自秘鲁、智利和阿根廷等国。这些鱼粉中粗蛋白质的含量为60%～65%，乌骨鸡对其消化率非常高，几种限制性氨基酸（赖氨酸、蛋氨酸、色氨酸）含量高，与其他各种原料搭配使用都很适宜。

鱼粉的代谢能水平为11.5兆焦/千克左右，钙和磷含量较高，硒、锌也很丰富；维生素A、维生素D、维生素E、维生素K、维生素B_2、维生素B_{12}和生物素含量也较多，还含有未知促生长因子，后者对于小鸡的生长有促进作用。

国产鱼粉由于加工工艺的问题其质量多数不如进口鱼粉，表现在：粗蛋白质含量低且变异范围大（35%～50%）；食盐含量较高，多数为8%～15%，个别在5%以下；粗灰分含量较高。最近，国内某些鱼粉加工厂的产品质量已明显提高，粗蛋白质在55%左右，食盐低于3%。

鱼粉的外观为黄褐色，有特有腥香味。鱼粉加热过度则呈红褐色，其中含有较多的"肌胃糜烂素"，长期喂用这种鱼粉或饲料中添加量过大则会造成乌骨鸡群发生"肌胃糜烂症"。

使用鱼粉要注意鉴别鱼粉的质量。目前，市场售鱼粉的掺杂使假现象十分常见，怎样识别鱼粉质量的优劣呢？一是"闻"：优质的鱼粉具有鱼的腥香味，而变质的鱼粉则呈难闻的腥臭味。凡是有难闻异味的鱼粉均不宜使用。二是"看"：优质鱼粉外观为黄褐色、粗粒状、松散，有少量的鱼骨、鳞碎片，若颜色发红、发青或呈深褐色则其质量不佳。鱼粉中若混有经粉碎的羽毛则说明其中掺有羽毛粉，若有黑褐色碎粒状物可能是血粉，若有植物皮壳碎片则是掺有植物性杂质。三是"尝"：取少许鱼粉放入口中，若感到咸或苦则说明其食盐含量偏高，若感到有土味则可能掺有红土。此外，若感到有异常感觉则多数情况下表明该鱼粉质量欠佳。四是"水试"：取一玻璃杯放入其容量1/5的鱼粉后加水搅拌（加水量为总容量的90%），然后静置5～10分，观察杯底是否有沙土沉淀，上层是否有植物性杂质或羽毛碎屑，水的颜色有无明显变化。

2.肉骨粉

肉骨粉是利用屠宰厂的下脚料及不可食用的屠体经高温、脱脂、粉碎、干燥处理后的产品。其中含磷量的多少表明了原料中骨头所占的比例，含磷量在4.4%以下的称为肉粉，超过4.4%则称为肉骨粉。肉粉中蛋白质含量高于肉骨粉。

肉粉中含蛋白质50%～70%，肉骨粉中含蛋白质35%～50%。其蛋白质的氨基酸组成特点是赖氨酸含量高，蛋氨酸和色氨酸含量低。

肉粉的代谢能值为8.8～11.3兆焦/千克，肉骨粉为6.5～9.6兆焦/千克。它们中所含磷的利用率均很高。

在商品肉用乌骨鸡饲料中添加适量肉粉有助提高其增重速度。但肉骨粉的质量变异较大，劣质肉骨粉不能使用。

肉骨粉的外观为褐色或灰褐色粗粉状物，具有特有的味道。

3.血粉

血粉是由屠宰厂动物的血液凝固、干燥后制成的。其中有的掺有石灰，有的掺有麸皮等。

血粉中粗蛋白质的含量为60%～80%，但其氨基酸的平衡效果较差，赖氨酸含量高，精氨酸和色氨酸含量少，异亮氨酸几乎为零。因此，血粉的消化利用率较低，加之其感官不好、适口性差，其用量一般不宜超过3%。

4.蚕蛹粉

在桑蚕主产区的缫丝厂加工蚕茧的过程中会有大量的副产品——蚕蛹。蚕蛹经高温干燥处理后粉碎即为蚕蛹粉，若经脱脂处理则称为蚕蛹渣，都是高蛋白质饲料。

蚕蛹渣含蛋白质60%～64%，蚕蛹粉含粗蛋白质50%～54%、含脂肪20%左右。蚕蛹蛋白质的氨基酸组成较好，蛋氨酸、色氨酸、苏氨酸、亮氨酸及赖氨酸含量都比较高，可以代替鱼粉使用。

蚕蛹粉中脂肪含量高不耐贮存，蚕蛹渣则不易腐败。

蚕蛹粉在配合饲料中的用量可占3%，蚕蛹渣可占4%～5%。使用前必须将其中的乱丝拣出。

新鲜的蚕蛹经煮熟后也可直接喂饲乌骨鸡，但其用量不宜超过配合饲料用量的20%。

5. 昆虫饲料

夏秋季节的晚上可以用蓝光灯诱虫，将诱捕到的昆虫直接喂乌骨鸡或煮熟切碎拌料喂乌骨鸡。每天的喂量占配合饲料用量的15%左右。

地面散养的商品乌骨鸡群在室外运动场也可装上灯泡，夜间诱虫让乌骨鸡在灯泡附近地面捕食昆虫。

近年来，一些养鸡场利用麸皮等原料生产蝇蛆、利用牛粪发酵生产蚯蚓等用于喂饲乌骨鸡也取得了良好的效果。

用昆虫作为饲料的一部分不仅可降低饲养成本，也有助于提高商品乌骨鸡的肉品质量。

(六)粗饲料

1. 糠麸类饲料

这类饲料如米糠、麦麸等，它们的比重较小，体积大，营养浓度低。在育成期饲料配制中用量较大，可达5%～10%，在雏乌骨鸡和产蛋乌骨鸡饲料中用量不宜超过3%。

糠麸类饲料容易吸潮、发霉、结块，在储存和使用过程中应该充分注意。

2. 叶粉、草粉类饲料

叶粉、草粉都属于粗饲料，主要营养成分的含量都较低，粗灰分和粗纤维的含量相对较高。

槐叶粉是生产中较多使用的叶粉，它是由槐树绿叶经干燥粉碎后制成的。其中的粗蛋白质含量约为18%，代谢能水平很低，约为3.95兆焦/千克，为麸皮的1/2。其中B族维生素的含量较高。叶粉质量以青绿时采收并快速干燥者为佳。

松针粉是修剪的松树枝阴干后将其针叶粉碎制成的，蛋白质含量为8.9%左右，代谢能水平约为1.05兆焦/千克。其胡萝卜素和维生素C的含量很高，叶绿素含量也极高，适量使用可改善蛋黄及皮肤颜色。

草粉是由野草或种植的牧草在青绿时期收割、晒干、粉碎制成的。其营养价值受草的类型、叶子含量的多少、收获时期及晒制方法的影响较大。在饲料中的添加量一般不超过 3%。

(七)青绿饲料

青绿饲料包括幼嫩的栽培牧草(如苜蓿、三叶草、聚合草、黑麦草等)、蔬菜类(白菜、青菜、萝卜等)、野草和水生饲料(如水浮莲、水花生、浮萍等)。

青绿饲料含有丰富的维生素、矿物质,蛋白质的含量中等,易于利用。粗纤维含量较高。适量使用,有助于防止鸡啄癖。

青绿饲料在乌骨鸡饲养中只能作为辅助饲料使用,其用量应当严格控制。雏鸡阶段应在 4 周龄后切碎喂饲,用量不宜超过精料量的 10%,青年鸡可占 15%～20%,成年鸡为 5%～10%。

青绿饲料用前应经切碎处理,以提高其适口性和消化率。

木质化的茎最好不用,因为乌骨鸡对其无法消化利用。枯黄及腐烂的茎叶也不宜喂乌骨鸡。

使用青绿饲料还要注意其采收地近期是否喷施过农药,以免乌骨鸡中毒。

青绿饲料最好是多种搭配使用,不要长期饲喂单一的青绿饲料。因为有的青绿饲料中草酸盐含量较高,长期喂饲会影响钙及其他矿物质的吸收利用,也易于造成乌骨鸡泌尿系统阻塞。

幼嫩的玉米苗、高粱苗及苏丹草中含有氰类物质,在体内会转化成毒物,不能用于喂乌骨鸡。

(八)矿物质饲料

1. 石粉

石粉是石灰石经粉碎后制成的,主要成分是碳酸钙(含钙量为 33%～36%),其所含的杂质若是镁和氟且含量偏高则会造成鸡群拉稀、骨质松脆和蛋壳变脆。

2. 贝壳粉

贝壳粉是贝类的外壳经冲洗干燥后粉碎制成的,主要成分是碳酸钙,含钙量与石粉相似,其钙的利用效果较好,常见的问题主要是含沙子多或带有腐肉，前者会影响钙含量，后者会有损健康。

3. 蛋壳粉

蛋壳粉是打蛋厂的蛋壳经消毒、干燥后粉碎制成的，主要成分是碳酸钙，含钙量与石粉相似。

一般情况下钙质饲料经粉碎后以粉状（或碎粒状）混合于配合饲料内。对于产蛋鸡也可将一部分钙质饲料用粗粒（直径 0.5～2 毫米）的形式在傍晚时加入料槽供鸡自由采食。

4. 骨粉

骨粉必须是将骨头经高温处理，脱去脂肪和胶质后粉碎制成。骨粉中钙含量约为 22%、磷含量约为 16%。优质的骨粉中骨块用手即可捏碎，凡骨块坚硬或有恶臭者均不宜使用。

5. 磷酸氢钙

其含磷量不应低于 14%，氟含量不应超过 0.2%，有不少产品中氟含量超标。

使用磷酸氢钠（含磷 24%左右、含钠 19%左右）时要考虑适当减少食盐用量，以免饲料中钠含量过多。

6. 食盐

食盐学名氯化钠，在饲料中起供应钠和氯的作用，它们在体内参与多种代谢、促进食物的消化和营养吸收，还可刺激乌骨鸡的食欲。食盐必须经粉碎后才能混合入饲料中搅拌。

食盐在配合饲料中的总用量为 0.37%，这包括添加的食盐和其他原料（如鱼粉）中含的食盐。长时期饲料中食盐含量偏高会造成乌骨鸡肠黏膜发炎、腹泻，严重时可能导致死亡。但是，缺少食盐会诱发乌骨鸡啄癖。

（九）饲料添加剂

1. 维生素添加剂

维生素添加剂包括单项维生素和复合维生素两类，后者是把多种维生素按特定的比例混合到一起。小规模生产中经常使用的是复合维生素添加剂。

使用维生素添加剂首先应依据乌骨鸡的情况进行选用。不少厂

的产品是系列化的，有雏鸡用、蛋鸡用、种鸡用和肉鸡用等型号，使用时要结合自己饲养的是哪种类型和阶段的乌骨鸡。

有些复合维生素制剂经特殊处理后能较好地扩散到水中，如速溶多维、电解多维、速补产品、拜圆舒等，可在幼雏阶段及应激情况下饮用。

复合维生素的添加量应依产品说明书为准，为保险起见可将用量增加 20%。维生素用量过多对乌骨鸡的健康和生产无益。

复合维生素应密封存放，并置于阴凉、干燥处，这样可减少其被破坏的速度。

在复合维生素中一般不含维生素 C，对于雏鸡、处于应激状态（如转群、断喙、免疫接种、高温等）的乌骨鸡可通过饮水或饲料按 0.03%的量补充。

2. 微量元素添加剂

微量元素添加剂在中小型乌骨鸡场及小型饲料厂大都使用复合型产品，其中包含有乌骨鸡所必需的铁、铜、锌、锰、碘和硒等微量元素，有的还含有钴。

金属性微量元素多是以其硫酸盐的形式（如硫酸亚铁、硫酸锌、硫酸钴等）添加的，也有以氯化物形式添加的。碘一般用碘化钾或碘酸钙的形式补充，硒则以亚硒酸钠的形式补充。

复合微量元素添加剂是将上述成分按照特定的比例加入载体（一般是石粉或沸石粉）混匀后制成的粉状物。其在配合饲料中的添加量有的产品为 0.1%，有的则达 2%～2.5%，后者主要是含的载体量大，一般不宜选用。

微量元素添加剂的用量不能超出过多，一般情况下其用量需要加大时也不宜高出规定用量的 40%。

3. 酶制剂

酶制剂是近年来开发应用的一种饲料添加剂，其作用是提高饲料的消化效率。酶制剂是提取自细菌和真菌的多种酶的混合物。

对于雏鸡来说其体内消化酶的分泌量和活性都较低，添加酶制剂可以弥补这一不足而提高生长速度和饲料消化率。乌骨鸡体内不能合成和分泌纤维素酶，对粗纤维的消化率很低，添加这类酶制剂对各年龄阶段的乌骨鸡都有益。此外，植酸酶也是常用的酶制剂，有助于提高饲料中植酸的利用率；葡聚糖酶和木聚糖酶对于降解麦类饲料原料中的非淀粉多糖也有帮助。

酶制剂通常与其他添加剂一样应均匀地混合于配合饲料中。

4. 饲料保藏用添加剂

饲料保藏用添加剂主要分为防霉剂和抗氧化剂。

防霉剂的作用是抑制霉菌生长，防止饲料发霉。市售产品有霉敌、露保细盐等，其所含的有效成分包括丙酸钠(钙)、富马酸、柠檬酸、乳酸钙等。防霉剂一般用于空气潮湿的地区和季节。

抗氧化剂有BTH(二丁基羟基甲苯)、EMQ(乙氧基喹啉)、BHA(丁羟基茴香醚，主要用于油脂的保护)及乙氧喹等。其作用是延迟或阻止饲料中有关成分的氧化过程，减少营养损失。加工后的饲料若需存放2周以上时都应添加抗氧化剂。

5. 益生素

益生素是特定的动物肠道有益微生物经发酵、纯化、干燥而精制的复合生物制剂，是减少或替代抗生素的理想绿色添加剂。益生素在消化道中产生有机酸、如乳酸，它的酸化作用可提高日粮养分利用率，促进动物生长，防止腹泻；产生淀粉酶、蛋白酶、多聚糖酶等碳水化合物分解酶，消除抗营养因子，促进动物的消化吸收，提高饲料利用率；合成维生素、螯合矿物元素，为动物提供必需的营养补充。它们能够分泌杀菌物质，抑制动物内致病菌和腐败菌的生长，改善动物微生态环境，提高机体免疫力。益生素与致病菌有相同或相似的抗原物质，刺激动物产生对致病菌的免疫力。

6. 非常规矿物添加剂

这类添加剂包括麦饭石、沸石、膨润土等，其化学成分主要是铝硅酸盐类，并含有10多种矿物元素。这些矿物元素在肠道中可以被肠壁吸收，起到补充微量元素的作用。

这些添加剂还可吸附肠道内的细菌和有害气体，有利于乌骨鸡的健康。

此外，它们还有延缓食物通过消化道的时间、刺激肠黏膜绒毛发育、激活体内酶及其他生物活性物质的作用，从而提高饲料效率，提高生长速度和产蛋性能。同时，也有助于肉质的改善。

这些添加剂在配合饲料中的用量为2%～4%。

二、饲料原料使用时注意的问题

饲料原料的质量决定所配制出的全价饲料的质量，由于一些饲料原料中存在一些饲料毒素或抗营养因子，或被污染，在使用时需要加以注意，以防止影响到配合饲料的质量。

1. 饲料毒素或抗营养因子

(1)棉酚　棉仁粕(饼)中含有一种叫棉酚的有毒物质，饲料中棉酚含量过高，会影响种鸡的生殖能力，尤其是危害精子的生成。其作用部位在睾丸生精上皮，以精子细胞和精母细胞最为敏感。由于破坏了生精上皮，从而导致精于畸形、死亡，直至无精子。棉酚中毒有蓄积性，长期喂饲含棉酚较多的饲料的母鸡所产鸡蛋的蛋白略暗，呈橄榄色，放置一段时间后蛋白变成粉红色。蛋黄略显青色，很有弹性，很难捏碎，和普通蛋黄饱含粉末状物质不同，胶质感明显。幼鸡对棉酚的耐受力较成年差。棉酚可与消化道和鸡体的铁形成复合物，导致缺铁。

(2)芥子苷(含硫苷)毒素　菜籽饼中含有一种叫硫代葡萄糖苷的有害物质，该物质又能分解产生多种有毒物质(在葡糖硫苷酶的作用下产生异硫氰酸盐、硫氰酸盐、噁唑烷硫酮等)。另外，菜籽饼中还有芥子酸和单宁等。如果菜籽饼使用不当，也会引起中毒，临床上以胃肠炎、甲状腺肿大为特征。雏禽比成年禽更易发生。

鸡的菜籽饼中毒大多为慢性经过，病鸡最初表现精神不好，厌食，粪便出现干硬、稀薄、带血等不同的异常变化，进而生长受阻，产蛋减少，蛋变小，破壳、软壳蛋增多，有腥味，种蛋孵化率降低。最终衰竭死亡。

(3)氢氰酸　亚麻籽脱油之后的残渣叫亚麻籽饼或胡麻饼，也含有一些有害成分，如氢氰酸，成鸡日粮中过多，会造成生长停滞，羽毛脱落，产蛋量下降，甚至造成死亡。

肉种鸡生产中可能会使用一些青绿饲料，使用过程中需要防止氢氰酸中毒。青绿饲料一般不含氢氰酸，但有的青绿饲料，如玉米苗、高粱苗、南瓜蔓等含有氰苷酸糖体，如果这些饲料经过堆放发酵或霜冻枯萎，在植物体内特殊酶的作用下，氰苷被水解后便形成氢氰酸而有毒。

（4）可溶性非淀粉多糖（SNSP） β-葡聚糖与阿拉伯木聚糖、戊聚糖、纤维素、果胶等均属植物细胞壁中的可溶性非淀粉多糖（SNSP）。小麦、小黑麦中每千克干物质分别含 5 克和 7 克的β-葡聚糖，而燕麦、大麦、黑麦中含量较高分别达到 37.5 克、33 克、12 克。

由β-葡聚糖等非淀粉多糖构成的细胞壁包裹着淀粉、蛋白质等养分，阻止其和消化酶的相互作用。β-葡聚糖和一些消化酶结合，降低其活性，同时和胆汁盐、脂类、胆固醇结合，影响小肠脂类代谢。胰蛋白酶、脂肪酶等消化酶活性的降低，将显著增加蛋白质、脂类和电解质等内源物质的分泌，降低它们在体内的储备。

禽日粮中黑麦水平高于 7.5%～15%时，显著降低日增重和饲料转化率。高水平黑麦日粮引起产蛋量显著下降。有人通过实验在肉鸡玉米基础日粮中加入 1%由大麦提取的β-葡聚糖，食糜上清液黏度从 2.16 增加到 6.27。黏性粪便降低垫草质量，产生脏蛋。

2. 饲料污染问题

（1）霉菌污染 近些年，由于全球温室效应的加重，使粮食或饲料被霉菌及其毒素污染的程度及范围日趋明显。据统计，全世界每年约有 25%的谷物被霉菌毒素所污染。霉菌毒素除直接使畜禽中毒致死外，更为严重的是使畜禽的免疫机能和生产性能下降，长期处于亚健康状态，造成了许多的免疫失败和频频严重发生且难以防治的疾病，同时通过肉、蛋、奶等食物链对人类健康产生危害。

1）霉菌毒素的类型 霉菌毒素是产毒霉菌在粮食或饲料上生长繁殖过程中产生的有毒二次代谢产物，主要存在有 6 种毒素，即黄曲霉毒素（AF）、呕吐霉素（DON）、T-2 毒素、玉米赤霉烯酮（F2 毒

素)、烟曲霉毒素及赭曲霉毒素(OT)。据对我国饲料及饲料原料霉菌毒素的检测显示,全价饲料中霉菌毒素的检出率在 90%以上,黄曲霉毒素、T-2 毒素、呕吐毒素和玉米赤霉烯酮的检出率高达 100%,而又以呕吐毒素、烟曲霉毒素和玉米赤霉烯酮的污染最为严重。

2)对免疫系统的影响　霉菌毒素对动物机体免疫系统破坏所造成的免疫抑制是它最为严重、最为重要和最为本质的危害,许多霉菌毒素可直接破坏或降低免疫系统的结构和功能,这在动物试验和生产中已得到充分证实。如某些霉菌毒素可使胸腺萎缩,抑制或降低淋巴细胞和巨噬细胞的活性,抑制抗体和细胞质产物以及巨噬细胞和嗜中性细胞反应器的功能,致使体液免疫和细胞免疫障碍等,它们都可严重降低免疫应答能力。

3)对健康的影响　霉菌毒素可导致急性或慢性中毒,主要造成肝脏、肾脏的损害以及肠道出血、腹水、消化机能障碍、神经症状和皮肤病变,但在临床上除非大量毒素的急性中毒引起死亡外,以及表现繁殖障碍、流产等,因许多症状一般不具有指征性和特异性,很难确认是由于霉菌毒素中毒而致,同时轻微或少量的临床表现,在霉菌毒素中毒后很容易被忽略。

4)对人类健康产生危害　肉鸡摄入被霉菌毒素污染的饲料后,可在它的肝、肾、肌肉、血液中检出霉菌毒素及其代谢产物,造成动物性食品的污染,通过这种食物链,对人类的健康有极大的潜在危害。

(2)农药和杀虫剂污染污染　饲料的农药污染主要是在饲料作物种植过程中喷施农药造成的。农药在农作物、土壤、水体中残留的种类和数量与农药的化学性质有关。一些性质稳定的农药,如有机氯杀虫剂以及含砷、汞的农药,在环境与农作物中难以降解,降解产物也比较稳定,称之为高残留性农药。一些性质较不稳定的农药,如有机磷和氨基甲酸酯类农药,大多在环境与农作物中比较易于降解,是低残留性或无残留性农药。

有机磷杀虫剂是我国目前使用最广泛的杀虫剂,其完全分解所需的时间,一般触杀性农药为 2~3 周,内吸性农药需 3~4 个月。

(3)重金属污染　重金属对饲料的污染主要是通过施用有关的农药、用污水进行灌溉或因为其他因素造成的土壤污染,这些重金属在农作物生长过程中进入到籽实当中,造成饲料原料的污染。

1)汞污染　有机汞化合物进入机体后,主要蓄积在肾、肝、脑等组织,排泄缓慢,每天仅排出储存总量的1%左右。有机汞化合物易溶于脂质和类脂中,因此可通过膜进入细胞内,与蛋白质或其他活性物质中的巯基结合,抑制各种含巯基的酶,导致许多功能障碍和广泛病变。有机汞的毒理作用与无机汞基本相同,但对神经系统有更明显的毒害作用。

2)砷污染　当农田使用砷过多或次数频繁时,易造成水稻药害及土壤、稻谷中砷残留量增加,影响人、畜安全,砷在稻谷中主要残留在外壳和糠麸中,经加工后可去除大部分。有机砷杀菌剂多属中等毒或低毒类。有机砷化合物被动物吸收后,需经转化为无机的三价砷及其衍生物而起作用。有机砷在体内转化缓慢,故毒性较无机的三氧化二砷小,临床中毒程度一般较轻。其作用机制与砷的无机化合物相同。

3)镉污染　施用磷肥,其镉含量1.6～5.8毫克/千克,高的可达10～20毫克/千克,农田灌溉时,如果利用没有经过处理的工业废水或生活污水,均会不同程度地造成镉、砷、汞等重金属对土壤和作物的污染,进而污染动物饲料。一些动物专用驱虫剂或杀菌剂中含有镉。镉进入体内后会影响钙、磷代谢,导致动物骨骼脱钙,易骨折。镉可引起动物贫血,其机制是镉在肠道内抑制铁吸收,镉摄入量增加,尿铁增加。镉吸收后可抑制骨髓内血红蛋白的合成。镉对肾脏有损坏作用表现为综合过程作用的结果。

三、商品饲料类型与使用

1.预混合饲料

预混合饲料也称预混料、料精。它是由各种添加剂(维生素、微量元素、氨基酸、抗菌保健剂、酶制剂、防霉剂、抗氧化剂等)按照特定的比例与载体混合均匀后制成的。预混合饲料包括肉鸡用、雏鸡用和产蛋鸡用等多种类型。

预混合饲料在配合饲料中的添加量有1%、2%和5%等多种形式，其价格以1%的为最高。

使用预混合饲料首先要考虑所饲养鸡群的类型，再选择相对应的预混料。鸡群的生理阶段不同其对各种营养成分的需要量有很大差别，尚无任何一种预混合饲料能够满足各个生理阶段鸡群的需要。

使用预混合饲料应按照预混合饲料生产厂提供的全价配合饲料配方配制。预混合饲料中各种营养性添加剂添加量的大小是受其他各种原料类型影响的。事实上，预混合饲料等于是把全价料中的添加剂部分提出另外配制的。

对于小规模养鸡户购买预混料时应选购小包装产品(5千克/袋、10千克/袋)，大包装产品可能需要很长一段时期才能用完，而当其包装袋打开后与空气接触，随着时间的延长其营养成分的损失也会增多。

2. 浓缩饲料

浓缩饲料是在预混合饲料的基础上添加蛋白质饲料(各种饼粕、鱼粉、肉骨粉、酵母粉等)、矿物质饲料(石粉、贝壳粉、骨粉、磷酸氢钙、食盐等)和油脂等原料后混合制成的。生产实践中大多数浓缩饲料在配合饲料中所占的比例为40%，也有的产蛋期浓缩饲料使用比例为32%的。

浓缩饲料也是分多种类型的，分别适用于不同生理时期或生产类型的鸡群使用。

40%添加比例的浓缩饲料在使用时按40千克浓缩饲料和60千克粉碎后的玉米混合均匀后即可喂鸡。而32%的浓缩饲料使用时按32千克浓缩料、8千克石粉和(或)贝壳粉、60千克的碎玉米进行混合搅拌，而后喂用。

浓缩饲料的包装多为40千克/袋，也有50千克/袋的。其封口处的标签上都注明有使用说明。

目前，市场上很少见到乌骨鸡专用的浓缩饲料，产蛋期种乌骨鸡可使用蛋种鸡浓缩饲料，商品乌骨鸡可使用黄羽肉鸡浓缩饲料。

3. 全价配合饲料

全价配合饲料是在浓缩饲料的基础上添加谷物类饲料原料后配制出的各种营养素含量符合特定鸡群所需的饲料。该饲料内含有能量、蛋白质和矿物质饲料以及各种饲料添加剂等。各种营养物质种类齐全、数量充足、比例恰当，能满足动物生产需要。可直接用于饲喂，一般不必再补充任何饲料。

四、乌骨鸡的饲料营养标准与配方示例

1. 乌骨鸡的饲料营养标准

饲养标准是设计饲料配方的重要依据，即按配方生产出的饲料其营养成分的含量应与饲养标准相符。

对于乌骨鸡来说目前尚无统一的饲养标准，许多种鸡场自己根据生产实践经验列举了一些推荐标准（见表 4－1 和表 4－2）。

表 4－1　乌骨鸡的饲养标准

营养成分	0～60 日龄	61～150 日龄	产蛋率＞30％	产蛋率＜30％
代谢能（兆焦/千克）	11.91	10.66～10.87	11.50	11.40
粗蛋白质（％）	19	14～15	16	15
钙（％）	0.8	0.6	3.2	3.0
有效磷（％）	0.5	0.4	0.5	0.5
蛋氨酸（％）	0.32	0.25	0.30	0.25
赖氨酸（％）	0.8	0.5	0.6	0.5

注：引自李房全等著《药用乌骨鸡饲养技术》，1994。

表 4－2　乌骨鸡不同生长阶段的营养需要

项目	1～4 周龄	5～8 周龄	9～13 周龄	14～23 周龄	产蛋前期	产蛋后期
代谢能（兆焦/千克）	12.14	11.93	11.51	10.89	11.72	11.30

续表

项目	1～4 周龄	5～8 周龄	9～13 周龄	14～23 周龄	产蛋前期	产蛋后期
粗蛋白质（%）	21	19	17	15	17～18	16
钙（%）	1.1	1.1	1.0	1.0	3.3	3.2
有效磷（%）	0.50	0.50	0.45	0.45	0.50	0.50
蛋氨酸（%）	0.32	0.30	0.30	0.25	0.35	0.32
赖氨酸（%）	0.8	0.6	0.5	0.5	0.52	0.50

注：引自赵万里主编《特种经济鸡类生产》。

2. 乌骨鸡饲料配方示例

种用乌骨鸡育雏育成期可参考使用的饲料配方见表 4－3，产蛋期可参考使用的配方见表 4－4。肉用乌骨鸡使用的配方可参考雏鸡用饲料配方，也可将商品肉鸡料与雏鸡料掺和使用。

表 4－3　种用乌骨鸡生长期参考饲料配方（%）

原料	配方一	配方二	配方三	配方四	配方五
玉米	65.0	62.0	51.0	64.5	64.3
碎大米			16.0		
麸皮	4.0	3.5	9.0	7	10
豆粕	24.3	22.0	13.0	18	15
酵母粉				3.5	3.0
菜籽粕	5.0	4.0	5	4	
鱼粉（进口）					3.0
贝壳（石）粉	1.3	1.4	1.0	1.2	1.2
骨粉或磷酸氢钙	2.0	2.1	2.0	2.0	2.0
叶粉		2.0	3.0		
复合维生素		0.04	0.035	0.04	0.03
复合微量元素	0.13	0.13	0.135	0.13	0.13
食盐	0.35	0.35	0.35	0.35	0.35

注：表中配方一、配方二适于育雏期（0～60 日龄）的鸡用，配方三适于 61～160 日龄鸡群使用，配方四适于 61～100 日龄鸡群用，配方五适于 101～150 日龄鸡群用。种公鸡可以使用配方一、配方二，但需另加 0.02%的复合维生素。

表 4-4　成年种用乌骨鸡参考饲料配方(%)

原料	配方一	配方二	配方三	配方四
玉米	62.0	62.0	63.0	63.0
麸皮	2.0	3.0		
豆粕	20.0	21.0	18.0	18.0
酵母粉	3.0	3.0		
菜籽粕	3.0	3.0	5.0	4.0
鱼粉(进口)	3	2		
贝壳(石)粉	7.5	7.5	7.5	7.5
骨粉或磷酸氢钙	1.5	1.5	1.5	1.5
叶粉			1	2.3
复合维生素	0.04	0.04	0.04	0.04
复合微量元素	0.13	0.13	0.13	0.13
蛋氨酸	0.12	0.10		
食盐	0.35	0.35	0.35	0.35

注:配方一和配方二适于产蛋率较高的时期,配方三和配方四适于产蛋率较低的时期。

五、饲料的形态

在乌骨鸡生产中使用的配合饲料主要有两种形态:粉状饲料和颗粒饲料。

1. 粉状饲料

将各种原料粉碎为细小的颗粒之后后混合在一起,以粉粒状的形式饲喂。这种饲料生产工艺简单,成本较低,使用比较广泛。

2. 颗粒饲料

将粉状饲料用高温蒸汽处理后经制粒机加工成为圆柱体形状的饲料。颗粒的直径 4～7 毫米,长度 5～10 毫米,适用于不同周龄的

乌骨鸡。颗粒饲料安全性好、适口性好，但生产成本比较高。

六、饲料的加工

1. 粉碎

各种饲料原料在使用前都应经过粉碎处理，以提高其消化利用效果和便于乌骨鸡采食，也有利于提高混合均匀度。经粉碎后的原料颗粒直径大小：雏鸡 1.5 毫米，育成鸡 2.5 毫米，成年鸡 3～3.5 毫米。颗粒大起不到上述的 3 个作用，颗粒过小呈粉状则会影响乌骨鸡的采食，而且加料时会因粉尘飞扬而造成饲料浪费及空气污浊。

在同一时期内饲料颗粒的大小要保持相对一致，不能出现较大变化以免影响乌骨鸡的食欲。

2. 搅拌

饲料的混合目前多是使用搅拌机，其要达到的目标就是使各种原料能混合均匀。混合时原料的添加顺序会对混合效果产生一定的影响，一般先加大宗原料，再加经扩充后的添加剂。搅拌时间应以设备使用说明控制，过短或过长均不利于均匀混合。

人工搅拌时要用铁锨至少全面翻动 4 次，否则难以混匀。搅拌不均匀会使乌骨鸡的营养摄入不均衡，影响其生产和健康。人工搅拌的场所和工具应是专用的，使用前必须经过彻底消毒。

3. 发酵

一些饲料原料经过发酵处理后能够显著提高其营养素的消化和吸收效率。发酵过程中微生物通过其产生的酶对饲料中的粗纤维进行分解，使其中一部分成为能够被鸡所消化吸收的低级脂肪酸等，并破坏细胞壁结构使其中的营养素更容易被消化，有的饲料毒素或抗营养因子也能够被分解而失去对鸡的不良影响，微生物的一些代谢产物也有利于鸡的健康。目前在生产中常见的发酵饲料包括水果渣、粗饲料、菜籽粕等消化率较低的原料。

第五章　种用乌骨鸡的饲养管理

种用乌骨鸡生产的目的是获得数量多、合格率高、受精率高的种蛋。在生产中可以根据鸡群在不同生理阶段的特点和饲养管理目标与要求分为 3 个时期：育雏期、育成期和繁殖期。在生产实践中可能会采用两段制管理方式，即把育雏期和育成前期的鸡群按照一个阶段饲养在同一个场所，而将育成后期的鸡群饲养在种鸡舍内。

内容导读

育雏期的饲养管理
种乌鸡育成期的饲养管理
繁殖期种乌鸡的饲养管理

一、育雏期的饲养管理

种用乌鸡的育雏期一般指0～6周龄（体型较大的杂交乌鸡）或0～8周龄阶段（体型较小的地方品种）。

（一）育雏期饲养管理目标

1.提高成活率

这个阶段乌鸡体质弱、抗病力低，容易感染疾病，一旦环境条件不适宜、卫生防疫管理跟不上就可能造成雏鸡感染而出现较多的死亡。因此，加强饲养管理和卫生防疫管理，增强雏乌骨鸡的体质、提高其成活率是育雏阶段的首要工作目标。

2.提高免疫接种效果

雏鸡阶段需要接种多种疫苗、接种次数也多，如果接种效果不可靠则不仅影响雏鸡健康，还会影响到育成期甚至产蛋期鸡群的健康。

3.促进体重增长

乌骨鸡的雏鸡体格小、增重慢，要增强雏乌鸡的抵抗力就需要促进其早期增重速度，只有体重较大则能够提高抗病力。

（二）雏乌骨鸡的生理特点

了解雏乌骨鸡生理特点的目的在于依据这些特点为其创造一个良好的生活环境，提高育雏效果。雏乌骨鸡的生理特点如下：

1.体温调节机能差

雏乌骨鸡出壳后的体温约为39℃，比成年乌骨鸡低2.5℃左右，约在15日龄其体温才能够达到为正常。雏乌骨鸡体温调节能力差主要是因为：雏乌鸡的体重小，单位体重散热面积大；绒毛保温性差、皮下脂肪少，保温隔热能力差；肺和气囊贴于体壁，外界温度容易影响到体内温度；加上其神经和内分泌系统仍处于发育阶段，自身调节体温的能力较差。因而，外界温度的过高或过低都会造成雏乌骨鸡的体温升高或降低，这对于雏乌鸡的健康是非常大的不良刺激。

2.消化机能差

雏乌骨鸡的喙尚不能啄碎较大颗粒的饲料，食道较细无法使大颗粒饲料通过；肌胃的研磨能力差，不能有效地破碎饲料颗粒；消化腺的分泌能力尚不健全，消化酶的量及活性不足；消化道的长度短，饲料通过较快，营养的消化和吸收不完全。

3.抗病力及适应性较差

雏乌骨鸡个体较小，前期生长速度也较慢，对不良环境的适应性较差，环境温度、空气质量不适宜都会诱发疾病，饲料营养不完善则会降低抗病力甚至引起营养缺乏症。雏乌鸡由于弱小，体质差，对各种微生物和寄生虫感染的抵抗力低，相对于其他品种鸡更易患病。

4.胆小易惊

雏乌骨鸡的敏感性相对较强，突然的声响、非饲养人员及其他动物的进入、甚至连灯泡的晃动都会引起鸡群的骚动，甚至惊群。惊群会造成雏鸡的高度紧张、伤残，影响生长发育和健康。

5.无自卫能力

雏乌骨鸡不具有与敌害争斗的能力，也缺少躲避敌害的能力，管理中因鼠害也常造成不小的损失。因工具的翻倒、人员的误踩也常伤及雏乌骨鸡。

6.雏乌骨鸡生长慢

与其他鸡相比，雏乌骨鸡的早期生长速度比较慢，8 周龄体重仅有 320 克左右。早期生长慢则适应性差，这是雏乌骨鸡死亡率高的重要原因。

(三)雏乌骨鸡的饲养方式

在目前乌骨鸡生产中应用的雏乌骨鸡饲养方式主要有以下 3 种：

1. 笼养

笼养即使用叠层式或阶梯式育雏笼育雏，笼有 3～4 层。这种育雏方式既可提高单位面积育雏室的饲养量，也可使雏乌骨鸡不与粪便接触，感染较少。但是，应注意防止雏乌骨鸡被夹伤和挂伤。规模化养殖场一般都采用这种育雏方式。

图 5-1 乌骨鸡笼养育雏

2. 地面散养

地面散养即在育雏室中设置地下火道或地上火龙以升高及保持舍内温度，也可使用保姆伞、火炉加热。舍内地面上平铺一层厚约 4 厘米的垫料（如刨花、稻壳等），雏乌骨鸡生活在垫料上。这种饲养方式需要加强垫料及消毒管理，因为雏乌骨鸡与粪便接触感染的机会较多。在小规模养殖的情况下常用这种育雏方式。

图 5-2 乌骨鸡地面散养育雏

3. 网床育雏

在室内离地 50～60 厘米高处架设平网，网孔直径 1.0～1.3 厘米，雏乌骨鸡生活在网上。农户小规模生产可将网床制成婴儿床状，底部和四周分别用金属网或塑料网固定，床的长度约为 2 米，宽度 1～1.5 米，高度 0.5 米，底网离地高度 0.4～0.5 米。这种方式也使雏乌骨鸡不与地面（粪便等杂物）接触，减少感染。这种育雏方式在各种规模的养殖场都有使用。

（四）育雏前的准备

1. 制订育雏计划

合理制订育雏计划是科学安排生产、提高生产效益的重要条件。制订育雏计划时应考虑的问题如下：

一是育雏量的确定：应依育雏室面积和资金状况来确定。一般笼养育雏在 6 周龄时每平方米笼底面积可以饲养雏乌鸡 15 只，12 周龄时可饲养 10 只；地面平养育雏在 6 周龄时每平方米地面可以饲养雏乌鸡 11 只，12 周龄时可饲养 7 只。种乌骨鸡则以成年后成年乌骨鸡笼的鸡位数或散养舍的面积（每平方米 5～6 只）来确定。在资金投入方面，每养成 1 只可达到性成熟的种乌骨鸡（约为 20 周龄）的投入（包括乌骨鸡苗、饲料、疫苗、药品及供温和水电费用）为 28～35 元。

二是育雏时间的确定：在一年中的各个月份市场上活乌骨鸡的价格变化较大，对于饲养者来说应首先考虑市场价格的变化规律，使得本批乌骨鸡在养成上市时恰好赶上市场价格较高的时期。对于种乌鸡养殖场来说，种蛋或雏乌鸡的销路及价格同样受市场商品乌骨鸡价格的影响。因此，要通过市场分析将种乌鸡群产蛋高峰期安排在市场商品乌骨鸡价格高的季节，育雏的时间提前 5 个月即可。

2. 房舍及设备的准备

开始饲养雏乌骨鸡前 2～3 周就应整理好设备及房舍，以免影响育雏过程中的使用。对于曾经使用过的育雏室，更需要进行清理和消毒。

第一，要对育雏室进行全面的清扫。将舍内顶棚、墙壁、地面、门窗、设备表面等清理干净，这样做有助于减少这些物体表面的微生物附着。将所有的灰吊、蛛网、浮尘、粪便、羽毛、垃圾等污物清出后堆放于离乌骨鸡育雏室较远的地方或及时运出鸡场。

第二，检查饲养设备的数量及完好性。检查所有的笼具、料桶或料槽、加料工具、水槽或饮水器、水桶及加水工具的数量是否够用，有无损坏。保证育雏期间设备的顺利运行。

第三，安全性检查。检查门窗是否易于开关，有无破孔或裂缝。室内电线线路是否完好，风扇及灯泡有无损坏，是否需要保养。

第四，加热设备的检修。育雏期间需要长期的加热，尤其是在低温季节。如果育雏室温度达不到要求，长期偏低会严重影响乌骨鸡的育雏效果。检查固定的加热供温系统有无破损、漏烟、漏水、堵塞，可移动的供温设施如何摆放、电加热设备的线路及加热器是否安全。

第五，消毒。消毒是阻断疫病传播的重要措施。对于供水、供料用具应用消毒药物浸泡消毒，晾干后再放入舍内。舍内应先后用化学性质不同的两种消毒药喷洒消毒（每天 1 次），通常在接雏前 3～4 天用福尔马林（1 米^3 舍内空间用福尔马林 40 毫升，高锰酸钾 20 克混合加入若干个瓷盆中或按 1 米^3 空间用福尔马林 60 毫升加入瓷盆内置于灭炉上）熏蒸消毒或用过氧乙酸（1 米^3 空间用 5%的过氧乙酸溶液 80 毫升，高锰酸钾 8 克混合加入若干个瓷盆中）熏蒸消毒。熏蒸消毒时房舍一定要密闭，24 小时后再打开风机和门窗排除药物气体，保证雏鸡接入时育雏室内没有明显的异味。在进雏前 8～12 小时对育雏室内部墙壁、地面和设备表面以及育雏室外周墙壁、地面喷洒消毒药。

第六，预热。在接雏前 1.5～3 天开启加热设备开始对育雏室加温，要求雏乌骨鸡在到达前 6 小时左右室内雏乌骨鸡活动区温度应达 33～35℃。加热过程中需要开启风机以排除舍内湿气，保证育雏室内的相对干燥。

若是新房舍或经过粉刷的房舍应待其充分干燥后才能使用。否则，室内湿度过高会给育雏效果带来不良的影响。

3. 雏乌骨鸡饲料的准备

根据雏乌骨鸡消化能力差而代谢旺盛，需要营养物质较多的生理特点，在加工、配制雏乌骨鸡饲料时应注意以下几个问题：

(1)饲料颗粒大小要适宜　雏乌骨鸡喙的撕裂力和肌胃的研磨力小，大块的饲料不能被有效破碎而影响消化；再加上食道的直径和弹性较小，大粒饲料难以下咽。3 周龄前雏乌骨鸡的饲料颗粒直径不宜超过 3 毫米，4～8 周龄则以 3～4 毫米为宜。但颗粒过小而呈粉状会影响饲料的适口性和采食量。

(2)饲料营养要全价　雏乌骨鸡体内营养物质的储备较少，对饲料中营养缺乏反应非常敏感。因此，配制雏乌骨鸡饲料必须严格依照饲养标准，保证各种营养成分的含量和平衡。在 3 周龄前的饲料中有必要将复合维生素的用量增加 30%～50%，微量元素用量增加 20%～30%。

(3)饲料的消化率要高　雏乌骨鸡对饲料的物理、化学和微生物学的消化利用率都较低，对某些饲料原料的消化效果更差。因此，配制雏乌骨鸡饲料应选用易于消化的饲料原料，如较多使用豆粕，少用棉仁粕、菜籽粕，尽量不用羽毛粉和血粉等。

另外，要求饲料不霉变、无污染受污染、发霉的饲料不仅其营养价值降低，其中还含有一些毒素，喂饲雏乌骨鸡后会产生许多不良影响。应考虑使用饲料酶制剂，雏乌骨鸡的消化腺发育不健全，消化酶的量和活性低，影响饲料消化。使用合适的酶制剂可有效改善雏乌骨鸡的生长发育状况。非营养性添加剂用量应严格控制，尤其是药物类添加剂用量偏大时，很容易造成雏乌骨鸡中毒。益生素的使用，第一周的饲料中加入益生素制剂有助于调节雏鸡肠道中的微生态平衡，有助于减少肠道疾病。

4. 药品的准备

育雏开始前需要准备的药物包括抗生素(用于防治鸡白痢、大肠杆菌病等细菌性传染病)、抗寄生虫药(用于防治球虫病等)、消毒药、疫苗等。

(五)雏乌骨鸡的选择

挑选体质健壮的雏乌骨鸡是提高成活率和生长速度的重要措施。选择高质量的雏乌骨鸡应从以下几方面着手:

1. 对种乌骨鸡场的要求

只有高质量的种乌骨鸡才可能提供高质量的种蛋和雏鸡。种乌骨鸡的健康状况、营养状况会明显影响到其后代的质量。因此,在可能的情况下应对供种乌骨鸡群的情况做些调查了解。要求种乌骨鸡健康(尤其要进行白痢净化),处于感染阶段和恢复阶段的种乌骨鸡其生产的种蛋被污染的可能性很大,蛋的内部品质和蛋壳质量也不好,这样的种蛋不仅孵化率低而且孵化出的雏乌骨鸡质量也没有保障;种乌骨鸡的疫苗接种情况同样对其后代雏乌骨鸡体内相应的母源抗体水平有直接影响,这不仅与幼雏的健康有关也关系到以后疫苗的接种效果;种乌骨鸡场应提供种鸡群近 3 个月的疫苗接种情况。种乌骨鸡要喂饲专用饲料,其饲料中添加的复合维生素和微量元素都需要种鸡专用产品,如果使用通用型产品则添加量需要分别增加 30%和 15%;饲料中尽量少用或不用动物性原料、棉仁粕和发霉的原料,以保证种鸡健康。种乌骨鸡场饲养的品种要纯正,有系统的选育方案和措施。种乌骨鸡场必须有种畜禽生产经营许可证和动物防疫合格证,日常管理规范。

2. 对孵化场的要求

雏乌骨鸡最好是来自规模化种乌骨鸡场内部的孵化场,这样的孵化场种蛋质量比较可靠;如果是独立的孵化场,种蛋需要从其他地方购买则其种蛋质量没保证。孵化场要有良好的孵化设施、有严格的卫生防疫制度和完善的管理制度、有技术熟练的工作人员,这是保证良好孵化效果和雏乌骨鸡质量的基础。孵化设施条件差常常造成孵化的中间环节出问题,卫生防疫管理不严格则容易造成雏乌骨鸡在孵化过程中感染。该批次雏乌骨鸡的孵化效果要好,要求雏乌骨鸡来自出壳时间正常、孵化率和健雏率都高的批次。雏乌骨鸡在孵化厂内要及早接种马立克疫苗。

3. 对雏乌骨鸡自身状态的要求

雏乌骨鸡的精神状态要好，健壮的雏乌骨鸡应该是两眼圆大、有神，活泼爱动，叫声响亮，对声响反应敏感；凡是闭目垂头、绒毛松乱或脏污、呆立一旁、反应迟钝者多是弱雏。雏乌骨鸡的身体状况要好，健雏应是无畸形，腹部大小适中、弹性良好，脐孔完全闭合、周围干净并被绒毛遮盖；弱雏乌骨鸡则表现为腹部膨大或干硬、脐部愈合不良并有污物黏附，也有钉脐或脐炎表现。

挑选雏乌骨鸡主要应依据精神状态和脐部状况进行选择，对于弱雏乌骨鸡应严格淘汰，不能贪图廉价购买和饲养弱雏。

(六)雏乌骨鸡的运输

雏乌骨鸡出壳后应尽早进行性别鉴定、挑选和注射马立克疫苗，然后及时运往育雏室。雏乌骨鸡出壳后至运抵育雏室的时间以出壳后不超过 24 小时为宜，特殊情况也不应超过 36 小时。若时间过长则会因雏乌骨鸡脱水、拥挤或温度不适的影响而造成强烈应激，影响其生长发育和成活率。

1. 雏乌骨鸡的包装

应使用专用的雏鸡盒，这种雏鸡盒是标准的，每个盒分四格，每格可以装 25 只雏鸡，每盒可以装 100 只雏鸡；盒的四周有小的圆形透气孔。若用其他纸箱装雏乌骨鸡则应在侧壁上捅若干个小孔以便通风，并且箱内装的雏乌骨鸡数应合适，不能拥挤。

2. 带全相关证件

作为司机必须携带驾驶证和行车证，供货的孵化厂应提供该批次雏鸡的动物检疫合格证，所有人员都应随身携带身份证。

3. 运输途中应做好以下工作

(1)冬季运雏乌骨鸡要防受冻　在深秋、冬季和初春时节外界气温偏低，运输雏乌骨鸡时必须采取防寒措施。运输工具要有较好的密闭性，使冷风不能直吹雏鸡盒，多层叠放的雏乌骨鸡盒外面应加毛毯或棉被等物以御寒。冬季长途运输中雏乌骨鸡因受冻而影响以后生长发育甚至死亡的情况时有发生，应引起足够的重视。目前一些大型孵化厂配备有专用的运雏车，内部安装有空调，可以人工调节车

厢内的温度。

(2)夏季运输防闷热　夏季外界气温高，雏乌骨鸡盒内的热量容易积聚，若不做恰当处理则会使雏乌骨鸡“出汗”(呼出的水汽黏附在绒毛上而使绒毛变湿)甚至热闷致昏。夏季运雏应注意每列雏乌骨鸡盒间应保持一定的距离以便于通风换气，运输尽量避开中午高温时间，途中若时间稍长则应检查中间盒内雏乌骨鸡的状况。专用运雏车能够有效解决夏季车厢内的闷热问题。

(3)防止雨淋　对于没有专用运雏车的情况下，在任何季节运输雏乌骨鸡都不应使用敞篷车，若使用卡车或农用车则必须配备篷布以便于挡风遮雨。

(4)减轻振动　雏乌骨鸡体内的剩余卵黄表面的卵黄囊受震动、挤压后会破裂而使卵黄弥散入腹腔，这样的雏乌骨鸡很难成活。因此，运输中应注意行车平稳，车厢底部铺设垫草以减缓振动。

目前，规模化种乌骨鸡场都提供雏鸡运输服务，当雏鸡运抵养鸡场(户)育雏室时再清点实际接雏鸡的数量。

(七)雏乌骨鸡的安置

雏乌骨鸡运送到养殖场后尽快搬运到育雏室，雏鸡盒可以叠放4层，卸载完毕后将雏鸡盒内的雏乌骨鸡放入育雏笼或小圈内。每个单笼或小圈内放置的雏乌骨鸡数量要一致，以便于喂料量的控制。

如果购买的雏乌骨鸡苗经过雌雄鉴别，则应将公雏和母雏分笼(分圈)放置。

(八)雏乌骨鸡的饮水管理

做好饮水管理工作有利于及时为雏乌鸡补充体内水分，有利于剩余卵黄的吸收，有利于刺激消化道活动，促进胎粪的排出。同时，充足清洁的饮水也有利于促进雏乌骨鸡采食。饮水管理与雏乌骨鸡的健康也有着十分密切的关系。

在雏乌骨鸡的饮水管理上应注意以下几个问题：

1.初饮的管理

雏乌骨鸡接入育雏室后第一次饮水称为初饮。初饮的时间应在雏乌骨鸡接入育雏室并安置好后立即进行，不应迟于雏乌骨鸡出壳

后36小时，初饮时间推迟会使雏乌骨鸡出现脱水，影响其健康和生长发育，而且在雏乌骨鸡很渴的情况下提供饮水会造成其短时间内饮水过多而发生水中毒。初饮的工具一般为1千克容量的真空饮水器，向其中加入500毫升25～30℃的凉开水，对于大型养殖场则使用经过过滤和消毒处理的深井水。大多数养殖场在雏乌骨鸡的饮水中会加入适量的补液盐和(或)葡萄糖，以增强其体质。将饮水器放入鸡笼或小圈后可以用手指轻轻敲击饮水器以吸引雏乌骨鸡的注意力，部分雏乌骨鸡就会用喙部接触水盘中的水并饮用，其他雏乌骨鸡看到后就会模仿，学会饮水。要注意观察那些呆立在一旁的雏鸡，如果不会饮水就需要将其抓住放在饮水器旁并将其喙部浸入到水盘中诱导其饮水。

2. 饮水器具

平养(地面或网床)的雏鸡可以一直使用真空饮水器，也可以在第一周使用真空饮水器而此后使用乳头式饮水器；笼养育雏通常在第一周使用真空饮水器而此后使用乳头式饮水器。

饮水器具的分布应均匀饮水器在舍(笼)内要均匀摆放，与料桶或料槽的距离不应超过1.5米。饮水器具和供料器具的摆放一样，都应摆放在光线较强的地方。

饮水器具的高度应合适水槽或饮水器水盘边缘的高度应与雏乌骨鸡的背高相似，在饲养过程中应随雏乌骨鸡周龄的增大而抬高饮水器具。平养育雏时在2周龄后应用砖头将饮水器垫起，以免垫草及其他杂物混入饮水器，也可减轻饮水器附近垫草的潮湿状况。乳头式饮水器每4～7天调整一次高度，使出水乳头比雏鸡背部的高度高出50%左右。

3. 保证良好的水质

对于小规模生产者来说，在育雏的前5天应让雏乌骨鸡饮用凉开水，水温为20～25℃，以后可用经消毒处理的水。大规模生产则可用自来水或井水，并加入适量的饮水消毒剂搅匀后再加入饮水器具内。若当地水质不好，则需要在供水系统中安装过滤装置和消毒装置。凡是被微生物及化学物质污染的水均不宜作为雏乌骨鸡的饮用水。

做好饮水器清洗消毒工作，使用真空饮水器要求每天应浸泡消毒、刷洗1次；每天至少更换2次饮水器中的水。乳头式饮水器要每周对水线冲洗1次。

4. 水量要充足

在有光照的时间内都应保证饮水器内有足量的水，水盘中水的深度不少于1厘米。饮水不足会使采食量降低，影响雏乌骨鸡的生长发育，缺水一段时间后再供水易使雏乌骨鸡暴饮，严重者出现水中毒，也容易造成雏乌骨鸡绒毛湿水。每间隔3小时要检查一次饮水器的情况，主要看其高度是否合适、有无倾斜或歪倒、是否方便雏鸡饮水、是否能够正常供水、有无漏水等现象。

5. 添加剂的使用

在育雏过程中（尤其是育雏前期）通过饮水方式添加抗生素或营养性添加剂是防治疾病、促进雏乌骨鸡生长发育的重要方法。在饮水中添加的物质有抗生素类（如庆大霉素、诺氟沙星、恩诺沙星、北里霉素等）、糖类（葡萄糖、蔗糖）、维生素类（速溶多维、电解多维、维生素C、复合维生素B等）、电解质类（如补液盐、碳酸氢钠等）等。

通过饮水补加药物和营养物质时应注意以下几方面：

（1）混合用水量　要求添加有药物或营养物质的饮水应在添加后2小时左右基本饮完。若长时间内饮用不完则水中的添加物会分解而浪费，若是添加的营养物而无药物还可能造成水中微生物的大量繁殖。一般每次用水量应占全天采食量的20%左右。饮用2小时后要倒掉剩水，换用清水。

（2）添加物的混合浓度　应按照有关药物的使用剂量而定，维生素C为0.033%，糖为5%左右。添加浓度过高会影响饮水与采食量，还有可能出现乌骨鸡中毒。

（3）使用次数　混有添加物的饮水每天供应1～2次，共饮用2～5小时，其他时间饮用一般的饮用水。

（4）注意添加物的水溶性　有些药物和营养性添加剂的水溶性不好，加入水中后或沉淀或漂浮，影响使用效果。这些添加物应通过拌料的方式使用。

另外，要认真查看不同添加物之间的互作关系，注意所用添加剂的使用禁忌。

（九）雏乌骨鸡的喂饲管理

喂饲是关系雏鸡营养摄入的重要条件，合理管控喂饲有助于提高雏乌骨鸡的抵抗力和体重增长。

1.喂料器具

采用平养方式育雏一般1～3日龄雏乌骨鸡喂料时多将饲料撒在塑料膜上或开食盘中以便于雏乌骨鸡采食；4日龄开始使用小鸡料槽或料桶，但仍要使用开食盘或塑料膜；8日龄撤去塑料膜，让雏乌骨鸡在料桶或料槽内吃料。采用笼养方式育雏第一周使用开食盘放在笼内喂料，第二周在笼外料槽中添加饲料以诱导雏鸡使用料槽采食，第三周以后撤掉开食盘，完全使用料槽喂饲。

2.适时开食

雏乌骨鸡出壳后第一次喂料称为开食。合适的开食时间以出壳后20～24小时为宜，通常在雏乌骨鸡安置并初饮后进行。开食早则大多数雏乌骨鸡尚无觅食行为，开食晚则会加大雏乌骨鸡体内营养的消耗，对健康和生长不利。开食饲料直接使用雏鸡配合饲料，将饲料直接添加到料盘内即可，然后用手指敲击料盘吸引雏鸡采食，只要有几只雏鸡学会采食就会诱导其他雏鸡模仿。开食的饲料不必太多，按每只鸡2～3克就可以。要注意观察那些不采食的个体，如果发现有不会采食的个体则需要集中到一个单笼或小圈内进行人工诱导采食。

3.喂料时间和次数

雏乌骨鸡每天的喂饲次数与周龄大小有关，周龄小的每天喂饲次数多一些，周龄大的则喂饲次数少一些，这主要是幼雏阶段其消化道容积小、每次采食量小，消化道短、饲料在消化道内停留时间短，雏鸡容易饥饿；随周龄增大，雏乌骨鸡的消化道容积和长度也都快速增加，每次采食量和食物在消化道内存留时间也会增加。此外，随周龄增大雏鸡每天的光照时间也逐渐缩短。雏乌骨鸡第一周每天喂饲

6～7次，2～3周龄每天喂饲5～6次，4～8周龄每天喂饲4～5次。4周龄后每次的喂饲间隔要相似，当天开灯后喂第一次，关灯前2～3小时喂最后一次，中间可喂饲2次。

4. 喂料量控制

目前，大多数乌鸡品种的选育程度不高，不同的品种其体重差别也比较大，因此还没有一个适用的喂料量参考标准。由于采食量还受饲料营养水平、原料类型、环境因素和管理因素等的影响，给制订喂料量标准带来的问题更多。对于丝羽乌骨鸡的喂料量，一般在第一周每只雏鸡每天的喂料量平均为9克，第二周13克，第三周18克。每次喂料量应以喂后30分左右基本被雏乌骨鸡吃完为准。一次喂料量过大不仅不利于刺激雏乌骨鸡多采食，反而会造成饲料的污染和浪费。

5. 采食位置

无论使用哪种喂料用具都必须保证在喂料后所有的鸡都能吃到饲料，这是保证鸡群整齐发育的重要措施。这就要求每只鸡的采食位置要足够，其中与饲养密度关系较大。

6. 饲料质量

在较大规模生产的鸡场内雏乌骨鸡都使用全价配合饲料，有的场会将雏乌骨鸡粉状全价饲料与肉鸡花料（肉鸡雏鸡第一周专用的经过破碎的颗粒饲料）各一半混合喂饲，肉鸡花料的适口性好、易于采食、营养全面，但是其中的脂肪含量偏高，因此不要全部使用肉鸡花料代替干粉料。为了保证雏鸡摄入足够的营养，在配制配合饲料时可以将复合维生素和微量元素添加剂的用量增加30%。

由于雏乌骨鸡消化能力差，对于粗纤维含量较高的植物性饲料原料和角质化蛋白含量较高的动物性饲料原料都不能很好地利用，在配制雏乌骨鸡饲料的时候要特别注意。对于发霉变质的饲料原料坚决不能使用。

7. 选用合适的喂料方式

一般情况下多采用干粉料喂饲，或碎粒料（颗粒饲料经破碎处理）喂饲，但必须保证饮水供应。为了促进雏乌骨鸡的采食，第一周也可以使用湿拌料，若采用湿拌料则必须掌握好用水量和拌料量。拌水后的饲料以手握成团但又挤不出水，放下易散的状态为宜。每次拌料量以喂后20分左右吃完为准，若时间过长，饲料则易酸败。

8.饲料中添加药物的要求

在雏乌骨鸡饲养期间为了防治细菌性疾病和寄生虫病，常需要在饲料中添加一些药物。混合药物时应注意以下几点：

(1)严格控制用药量　根据有关药物使用剂量说明添加，不能随意加大剂量，以免引起中毒。对于病弱雏乌骨鸡，由于其采食量小，可把饲料中药物添加浓度提高30%左右。

(2)保证混合均匀　粒状药品必须充分碾压使之呈粉状，不能有明显的颗粒。向饲料中混合时应先用带盖的大茶缸加入半缸饲料，再加入药物，充分摇动使之混合均匀，然后再均匀掺入大堆饲料中搅拌，保证有足够的搅拌时间。若是人工搅拌则应多拌几次。

(3)混药后的饲料要妥善保存　混入药物后的饲料应装入编织袋中，将口扎紧后在干燥阴凉处存放。许多药物见光、遇氧及水汽后容易分解失效。

(4)常用的药物　1～5日龄雏乌骨鸡主要是防治鸡白痢，15～20日龄主要防治大肠杆菌病。可供选择使用的药物有强力霉素、头孢噻呋钠、新霉素、庆大霉素、丁胺卡那霉素等。

(十)雏乌骨鸡的环境条件控制

雏乌骨鸡个体小、体质弱、对外界不良环境条件的适应性差，如果环境条件控制不得当就可能造成雏乌骨鸡生长发育受阻甚至使死亡率升高。

1.温度管理

雏乌骨鸡体格小，体温调节能力差，对不良环境温度的敏感性强。因此，搞好温度管理是提高雏乌骨鸡饲养效果的关键措施之一。各周龄育雏温度的推荐标准，见表5-1。

表 5-1 雏乌骨鸡的育雏温度

周龄	1～3 天	4～7 天	2～3 周龄	4～5 周龄	6～8 周龄
温度(℃)	36～35	35～34	33～31	31～28	28～25

注:表内温度是指雏乌骨鸡生活区内离地面或笼内距底网 10 厘米高处测得的温度。

(1)合理控制温度变化　雏乌骨鸡在育雏期间室内温度变化规律是随着周龄的逐渐增大而将育雏温度逐渐降低。温度的变化必须平缓,不能忽升忽降,每日的温差不应超过 4℃(周龄越小温差也应越小)。防止温度突然下降是温度控制的关键,例如在加热设备停止加热、低温季节进行室内通风的时候是容易造成鸡舍内温度普遍下降或局部下降的重要时刻。此外,夜间也是容易出现室内温度不平稳的重要时期。

(2)定时检查温度情况　在育雏期间要经常检查温度计的显示,观察温度计显示的温度与温度控制标准是否相符,检查育雏室不同部位温度的差异是否符合要求,如果发现问题应及时解决。

(3)看雏施温　除观察温度计的显示外还必须结合雏乌骨鸡的行为表现来了解温度是否适宜,即应看雏施温。凡有育雏经验的饲养人员在育雏期间都比较重视观察鸡群的表现。

温度适宜时雏乌骨鸡活泼好动,采食、饮水正常,休息时分散地伏卧在地面或笼的底网上。

温度偏低时雏乌骨鸡不停地低声鸣叫,采食、饮水减少,拥挤成堆。温度偏低雏乌骨鸡扎堆,容易将下面的雏乌骨鸡压死压伤,下面及中间的雏乌骨鸡绒毛上也容易黏附雏乌骨鸡呼出的水汽而变得湿泞,水汽蒸发后易使雏乌骨鸡受凉、感冒。温度偏高时雏乌骨鸡食欲降低,饮水增加,双翅下垂,张口喘气,远离热源。

(4)温度不适的危害　育雏温度偏低容易诱发雏乌骨鸡白痢病的发生或加重其危害,前期温度偏低对生长发育的阻碍作用也很明显。温度高易造成雏乌骨鸡脱水,严重时会出现中暑死亡。

2. 光照控制

育雏室的光照管理应考虑以下几个方面:

(1)光照时间　按照饲养管理需要，在育雏的1～3日龄每天照明24小时，4～7日龄为20～22小时，夜间熄灯2～4小时，2周龄18～20小时，3周龄16小时，4～8周龄每天照明14小时。白天应充分利用自然光照，夜间用灯光照明。

(2)光照强度　第一周光线应稍强些，以利于雏乌骨鸡熟悉育雏室内环境。以地面散养为例，灯泡离地2米高，1米^{2}应平均有5瓦的功率，即12米^{2}的房间应有一盏60瓦的灯泡。7日龄以后光线不宜过强以便鸡安静生活，人工照明以1米^{2}地面有3.5瓦的灯泡为宜，或以操作人员进入育雏室后能清楚地观察到饲料和饮水状况为准。

(3)光线的分布　育雏室内光线分布应尽量均匀，尤其在第一周不应有照明死角，应使雏乌骨鸡的生活区内都有一定的亮度。料槽(桶)、水槽(饮水器)应放在光线较强的地方。

光照控制在育雏室内灯泡应单独设置开关以便调整光照强度；在育雏后期，若自然光照过强则应采取适当的遮光措施。

3. 相对湿度控制

保持适宜的相对湿度是保证雏乌骨鸡健康生长的重要条件。育雏室内适宜的相对湿度：第一周为65%左右，第二周以后为60%～65%。

相对湿度过低会使雏乌骨鸡的脚爪干瘪，羽毛散乱无光，腹部干硬，剩余卵黄吸收不良，呼吸道黏膜干裂，易受微生物感染，尤其是在15日龄以内。

相对湿度过高会使雏乌骨鸡舍垫料潮湿，绒(羽)毛脏污，饲料易结块发霉，舍内微生物和寄生虫繁殖快，曲霉菌病、球虫病发生严重。在每年的7～9月，由于空气湿度大，鸡舍内容易出现湿度过大的问题。在低洼潮湿的地方建鸡舍也容易造成鸡舍内湿度过大。使用垫料平养方式在湿度大的情况下，垫草很容易发霉。

生产中常见的问题是第一周舍内湿度较低，第二周以后偏高。湿度偏低可用带鸡喷雾消毒或热源附近洒水方式来解决。相对湿度偏大则应通过以下措施加以调控：减少饮水设施的漏水，不在舍内倒脏水，及时更换潮湿的垫料，每天定时打开门窗通风。

4.通风管理

合理通风可以调节舍内的温度、相对湿度，更新舍内空气。育雏期间，尤其是前2周室内保温是重要的条件，这与通风换气常常形成矛盾（冬季尤为明显），必须恰当处理。

（1）通风方式　育雏室的通风可以通过开关门窗进行自然通风，也可以用排风扇进行机械通风。前2周可在中午前后外界气温较高的条件下打开门窗通风，3周龄后则每天定时开启风扇进行通风换气。目前，有专门用于育雏室加热通风的燃油热风机，放在育雏室内不同区域向育雏室末端吹热风，既可以保证育雏室内的空气流动又不会因为通风造成育雏室内的温度下降，对于低温季节育雏来说效果很好。

（2）通风量　依据雏乌骨鸡日龄的大小而定，0～2周龄按0.3～0.5米^3/（只·时）设定，3周龄后按0.5～1.0米^3/（只·时）设定。外界气温高时通风量可适当加大，气温低时则相应减小通风量。

（3）气流速度　育雏室内气流速度不能过快，一般应控制在0.1～0.2米/秒，周龄越小则气流速度应越慢，气流速度过快不利于保温。夏季育雏在4周龄后可以在中午前后室内温度偏高的情况下适当加大气流速度。

（4）气流分布　育雏室内气流分布要均匀，不应有通风死角，这是衡量通风换气效果的重要依据。窗户、风扇要均匀装设，进风口内侧应设置挡板，不能使冷风直接吹向鸡体。

（5）空气质量　舍内空气中氨气、二氧化碳含量过高会对雏乌骨鸡的健康和生长造成不良影响。一般要求氨气含量不超过15毫升/米^3，硫化氢含量不超过10毫升/米^3。对这一指标的衡量，一般依饲养人员进入育雏室后不感到有明显的刺鼻、刺眼或头晕等不适感觉为准。对于育雏室内的空气质量问题主要通过合理组织通风来解决。

农户使用煤炉加热要注意防止雏乌骨鸡煤气中毒。煤气中毒是指室内一氧化碳含量偏高使雏乌骨鸡缺氧而表现出的不适症状，严

重时会导致大批雏乌骨鸡死亡。在农户小规模生产条件下，为了加热保温而将育雏室门窗堵严，并在室内生火炉加热，若无排烟设施，也没采取适当的通风措施，则常出现煤气（一氧化碳）中毒。这种情况在冬季的夜间最易发生。

预防雏乌骨鸡煤气中毒的措施主要有两个：其一是在火炉上装设排烟管道，将燃料燃烧过程中产生的一氧化碳、二氧化碳和灰尘抽到室外，减少室内这些有害气体和灰尘的积聚；其二是定时开启门窗进行通风换气，火炉中燃料燃烧时不断消耗室内空气中的氧气，当氧气不足时一氧化碳的生成就会增加。定时通风不仅可以排出舍内污浊的空气，还可以保证室内空气中有较高的氧气含量。即使是在冬季的夜间也应将背风一侧的门窗适度开启，但应注意不可让冷风直吹鸡群。

如果使用热风炉或地下火道、育雏伞等加热方式则无煤气中毒之忧。

（十一）笼养育雏的管理要点

在较大生产规模的乌骨鸡饲养场、饲养户，其育雏多采用笼养方式，笼养育雏的环境条件、饲料及饮水的基本要求除前所述外，管理上还应注意以下几点：

1. 适时扩群

初接入雏乌骨鸡后一般先将其放置于舍内温度相对较高区域的笼内，也可放在中间两层笼内以便于管理。扩群是指将乌骨鸡的生活区域进一步扩大，使鸡群的密度逐渐减小，随雏乌骨鸡周龄的增加应调整饲养密度（见表 5-2），密度调整也可以结合免疫接种或断喙进行。密度调整的方法是将原有笼内的雏鸡挑出一部分放置到邻近的空笼内，降低原来笼内的饲养密度，使雏鸡群生活的空间进一步扩大，增加每只雏鸡的活动空间。

表 5-2　笼养雏乌骨鸡的饲养密度

周龄	1～2	3～4	5～6	7～8
密度（只/米^2）	60～50	40～30	30～25	20

调群的时候注意将笼内体重偏大的和偏小的调出，将体重中等的留下。从不同笼内挑出的雏鸡要将体重偏大的放在一个或几个笼内，体重偏小的放在一个或几个笼内。调群后要尽量使每个单笼内雏鸡的数量相同以便于控制每个笼每天的喂料量。

2. 防止夹挂

笼养雏乌骨鸡饲养过程中由于侧网之间以及侧网和底网之间连接的缝隙可能会夹住雏乌骨鸡的腿、爪，或挂住颈部、翅膀，造成雏乌骨鸡的伤残甚至死亡。因此，在固定网片时应注意严密，不能有较大的缝隙。在育雏第一周还应在笼底网上铺上菱形孔塑料网，并在上面再铺双层报纸或牛皮纸，以防雏鸡的脚爪插入网孔内被卡住，一旦被底网的网孔卡住会在雏鸡群活动时被踩踏而造成死伤。育雏笼的笼门设计不合理也会造成笼门关闭后出现一定宽度的缝隙，同样存在夹挂雏鸡的风险。

3. 减少雏乌鸡外逃

出现雏乌骨鸡逃出笼外的情况时会给防疫和管理带来很大的不便。减少雏乌骨鸡外逃应注意以下 5 点：一是调整前网网格的宽度，许多笼的前网是双层的，外面的一层可以左右移动、也能够固定，网格宽度可以依雏乌骨鸡周龄的大小进行调整；二是网片尤其是前网的固定要牢固；三是给饮水器换水时要注意先将雏乌骨鸡赶向里面；四是免疫接种时抓鸡者要及时关闭笼门（前网）；五是减少鸡惊群，尤其是育雏后期惊群时常将笼门顶开。发现有雏乌鸡逃出笼外要及时检查是哪个育雏笼没有关闭严，及时整修并将外逃雏鸡抓回。

对于外逃的雏鸡一般安排在光线较暗的时候捕捉，需要 3～4 人协同。

4. 光照尽量均匀

笼养雏乌骨鸡常常出现上层笼光线强、下层笼光线弱的问题。因此，要求笼间保持一定的距离（4 层叠层式育雏笼的行间距不少于 1.2 米），灯泡安装在两组笼之间及两侧壁中部以保证各层笼的采光尽量均匀。

对于带有加热设备的育雏笼常常把灯泡安装在每层的加热笼和

保温笼内，这样光线的分布比较均匀。

5. 及时清粪

笼养雏乌骨鸡单位房舍内鸡的饲养量大，每日排出的粪便也较多，若不及时清粪会造成舍内有害气体含量偏高，空气相对湿度过大等问题，对雏乌骨鸡的健康有很大的不良影响。使用自动清粪系统，要求每天清粪3～4次；如果是人工清粪，育雏前期每2～3天清1次粪，后期每1～2天清1次粪。

6. 合理通风

笼养雏乌骨鸡的舍内饲养密度高，产生的有害气体、水汽和粉尘也较多，合理地安排通风则可有效地保证舍内良好的空气质量。前2周利用自然通风即可，但3周龄后必须进行机械通风以保证足够的换气量和适宜的气流速度。在低温季节育雏需要考虑如何解决通风与保温的矛盾，如果在育雏室前部安放若干个热风机向中间部位吹热风，在鸡舍末端安装几个风机向外排风是一个可行的方案。

笼养育雏由于育雏室内有较多的育雏笼，有可能对气流产生阻挡，需要合理安排送风口和排风口的位置，以保证气流的均匀分布，减少通风死角。

7. 及时调整饮水器

一般在10日龄前使用小型真空饮水器为雏鸡提供饮水，每次添加或更换饮水时将饮水器从笼门取出或放入。10日龄开始将乳头式饮水器的高度调整到合适位置，诱导雏鸡使用乳头式饮水器，14日龄以后将真空饮水器取走只使用乳头式饮水器，每间隔几天就需要调整一次高度以方便雏鸡饮水而又不至于造成雏鸡头部或身体碰到出水乳头造成漏水。

8. 断喙

断喙的目的在于防止雏乌骨鸡相互啄斗。因为在笼养条件下雏鸡活动空间狭小，空气质量不好，甚至会出现营养不平衡，常常发生啄癖（如啄羽、啄趾、啄肉等）而造成雏乌骨鸡的死伤。因此，在采用笼养育雏方式的情况下都要对雏乌骨鸡进行断喙处理。

（1）断喙时间　雏乌骨鸡的断喙一般在12～22日龄进行。断喙早由于雏乌骨鸡个体小、体质弱容易对其造成较大的应激，不利于其生长发育、甚至影响其对疾病的抵抗力；雏鸡小断喙的准确性也不容易把握，容易出现断喙过度或不足，断喙不足可以修剪，如果是断喙过度则可能影响以后的采食。断喙晚则喙变得比较坚硬，影响断喙速度而且容易造成断面出血，一些雏乌骨鸡断喙后如果断面出血而没有及时发现则可能因为出血过多而成为弱雏甚至死亡；对于断面出血的雏乌骨鸡要及时从笼中拣出并把断面在断喙器的刀片上烧烙2秒进行止血。

(2)断喙方法　工作人员一手固定雏乌骨鸡头部(大拇指置于雏鸡头部后面，食指弯曲并用第一关节置于颈部下方轻按其咽喉处，使雏鸡舌头缩回)，使其略微向下倾斜将鸡喙插入适当的断喙孔(有3个大小不同的孔，各自适用于不同日龄的雏鸡)，大约切去雏鸡上喙的1/3(注意从生长点处切断)，下喙仅切掉喙尖，然后让上下喙的断面紧贴刀片烧灼约2秒止血。切断部位横切面上呈焦黄色，精确断喙可以一直保持到产蛋期。断喙后上下喙的形状，见图5-3。

图5-3　断喙后上下喙的形状

(3)注意事项　禁止上下喙张开进入断喙孔，否则易将雏鸡舌头切断或烫伤。最好用全自动切嘴机，刀片要锋利，刀片与断喙孔板结合处要严密；刀片呈暗红色，温度大约在650℃时为断喙适宜温度。温度低时鸡喙会被撕下而不是被切下；温度高时，鸡喙就会粘在刀片上，而使鸡喙受到损伤。固定鸡头手指用力要适当，否则会造成上下喙不齐或是扭曲现象。断喙不充分，产蛋期易形成啄癖，鸡互啄背部及后腹部羽毛，会发现鸡的背部无毛或只有羽髓；鸡食入羽毛会导致

腹泻，引起产蛋量下降和浪费饲料；扭曲交叉状喙的鸡，则因采食、饮水困难，影响生长发育，在鸡群中表现为个体较小。断喙后，饲料、饮水供应要充足。断喙有可能诱发慢性呼吸道疾病，应及时投入抗生素加以预防。

目前，一些大型孵化厂进口了美国生产的NOVA－TECH公司的新型红外线断喙器（图5－4），该断喙工艺与旧式的断喙方法相比有很大变化，它使用高强红外线光束，对鸡无任何损害，断喙在孵化厅进行。半自动化操作过程使用独特，可以固定鸡头部面罩，确保操作过程精确性和连续性。与传统断喙方法相比，该工艺可以改进鸡群均匀度和生产性能。该设备为半自动化机器，可同时给4只鸡断喙。每个操作人员同时可将两只雏鸡头部卡在机器上，机器连续不断地在旋转，旋转到断喙部位时机器发出高强红外线光束，断完喙后，雏鸡自动落入雏鸡盒内。经断喙处理后，母鸡7日龄经处理部位颜色有所改变，3周龄起角质层开始脱落。

图5－4　雏鸡红外线断喙设备

（十二）地面散养雏乌骨鸡的管理要点

对于一部分中小规模乌鸡饲养者来说，地面散养是主要的育雏方式。这种育雏方式投资较少，管理得当时可获得良好的效果。但由于雏乌骨鸡与粪便接触，料桶和饮水器易被污染，若管理不善则易使雏乌骨鸡感染疾病。因此，在地面散养育雏方式的管理上应注意以下几个方面：

1.合理分群

一个育雏室内应将雏乌骨鸡分为5～10群，各群之间用围网

（板）隔开。分群应根据雏乌骨鸡的性别、大小和强弱而定，每群鸡数量为 300～500 只。雏鸡周龄小的时候每个小群鸡的数量可以少一些，随周龄增大每个小群鸡的数量可以增多。分群有利于管理，尤其是将体质弱、有病的个体集中到一个群内，便于针对性使用药物；分群有利于雏乌骨鸡的健康生长，如果大小强弱的个体混在一群则弱小的个体在采食、饮水方面都处于劣势，雏鸡群跑动时也容易将弱小的个体撞倒或被踩踏，时间长了弱小的个体就发育更慢甚至出现伤残或死亡。

2. 饲养密度要合适

地面散养雏乌骨鸡的饲养密度可参见表 5－3。饲养密度过大不利于雏乌骨鸡的健康和生长，也不利于其均匀度的提高。饲养密度过小则会造成较大的设施浪费。在条件许可的情况下可按表 5－3 提供的下限确定饲养密度。

表 5－3　地面散养雏乌骨鸡的饲养密度

周龄	1～2	3～4	5～6	7～8
密度（只/米^2）	40～35	33～27	25～20	18～14

在确定饲养密度的时候要充分考虑当时的季节特点、品种类型（主要与体重和活泼性有关）、性别（公鸡的密度要比母鸡低一些）等因素的影响，也可以以鸡群卧下休息时地面有 1/3 的空闲为判定标准。

3. 逐周扩散活动范围

刚接入育雏室内的雏鸡要集中放置在鸡舍内的前面部分，便于集中供暖、保温。而且幼雏个体小，单位面积的饲养数量较大，不需要占用过多的育雏室面积。以 1 周龄后根据饲养密度调整的需要逐渐把原来小圈内的雏鸡挑出一部分放进新的小圈内，方法和要求与笼养雏鸡的扩群相同。

4. 设置栖架

鸡群进入 4 周龄以后就会表现出栖高习性，喜欢卧在高枝上。这时可以再鸡舍内放置栖架（图 5－5）让鸡群登上去卧在那里休息。

设置栖架可以锻炼鸡群的体质，能够减少地面的鸡群密度，减少鸡体与粪便或潮湿垫草的接触。雏鸡群使用的栖架的横梁间距可以小一点。

图 5－5　栖架的形状

5. 防止饲料和饮水被污染

地面散养时垫草、粪便等污物易混入料桶（槽）和饮水器内，造成水和料的污染。因此，饮水器应下衬塑料布或用砖头垫起，乳头式饮水器要每间隔 5 天升高一点，吊塔式饮水器也需要定期将吊绳调整一次，将水桶升高。料桶也应随雏乌骨鸡周龄的增加而将吊挂高度升起。要防止较大周龄的雏乌骨鸡卧在水桶或料桶上面。使用真空饮水器每天至少需要刷洗和消毒一次，更换饮水 2 次。

为了防止雏鸡踩入料桶下部的料盘内，最好将料桶用绳子悬吊起来，使雏鸡在料盘上站不稳。如果料桶放在地面则雏鸡容易踩入料盘内。

6. 保持室内干燥

若舍内潮湿极易造成垫料发霉，致使雏乌骨鸡发生曲霉菌病，也易使球虫大量繁殖而危害鸡群，细菌性传染病的发病概率也会增高。由于育雏室温度较高，在潮湿的情况下垫料中的有机物很容易被微生物分解产生氨气、硫化氢等有害气体。生产管理上必须通过减少饮水系统漏水、合理组织通风、定期更换垫料等措施加以控制。

7. 做好药物防病

采用地面平养方式育雏，要注意加强对细菌性疾病和寄生虫病的防控工作，这两类疾病的发病率显著高于笼养育雏方式。除做好垫料管理外，生产上可以通过定期向饲料或饮水中加入抗生素或抗球虫药物以预防疾病。发现病鸡要及时从大群中隔离出来，将病鸡集中放置并进行针对性治疗。

8. 防止火灾

使用火炉等设备加在热时火炉周围地面不要放垫草，并用砖块围起来，防止垫草接触火炉和炉渣，以防失火。

此外，地面散养育雏还应注意防止工具翻倒砸死砸伤或踩伤雏乌骨鸡。

9. 加强垫料管理

垫料是地面散养方式育雏的重要用品，育雏期间雏乌骨鸡都一直生活在垫料上。因此，垫料管理应注意以下几点：

(1)垫料的基本要求　垫料应该柔软、干燥、吸湿性强、无异味、不发霉。生产中常用碎麦秸、刨花、稻壳、碎玉米芯、花生壳、干树叶等做垫料。垫料使用前必须经过筛选、暴晒，以降低其含水率和粉尘含量，发霉的垫料必须挑出。

(2)垫料的铺设　育雏前3～5天应将经过暴晒和筛选处理的垫料均匀地铺在室内地面，垫料的厚度为5厘米左右，应铺平，不能有的地方起堆，有的地方露着地面。在铺垫料前必须检查地面，要求地面干燥。如果潮湿应先撒些生石灰吸湿后，清理石灰后再铺垫料。垫料铺设后要用脚踩一遍使其不至于过于蓬松。

(3)垫料的更新　在饲养过程中定期用工具(如铁耙或铁叉等)抖松垫料，拌松垫料的目的是减少结块使垫料保持松软，并使粪便落到下层，使垫料表层保持相对干净，以减少雏鸡羽毛被污染和感染疾病。抖松垫料的过程中将结块、潮湿的垫料清理出去，必要时在原垫料表面加铺新垫料。

每一个饲养周期结束后应将舍内垫料全部清理出去，堆积发酵作肥料。

(4)发霉垫料要及时清除　使用发霉的垫料最易诱发雏乌骨鸡的曲霉菌病。该病一旦发生，治疗很难取得良好效果。

(5)防止垫料潮湿　垫料潮湿容易使垫料结块、发霉，滋生微生物和寄生虫，产生大量的有害气体而影响雏乌骨鸡的健康。因此，保持垫料干燥是采用平养方式时关键性管理措施之一。平时注意防止饮水器内水的溢出，尤其是更换饮用水的时候，不要把脏水倒在舍内，及时更换饮水器周围的垫料，垫料使用前要充分干燥，铺垫料前保证育雏室地面和墙壁的充分干燥。

(十三)雏乌骨鸡的卫生管理

搞好卫生管理是提高雏乌骨鸡成活率的关键措施。育雏期间的卫生管理工作主要包括以下几方面：

1. 采取严格的隔离措施

雏乌骨鸡抗病力差，易被微生物感染致病。为了减少外界病原微生物对雏乌骨鸡的侵扰在育雏期间应劝阻任何非饲养人员的进入，尤其是附近养鸡者不能相互串看鸡群，育雏使用的各种工具提前备好，不要借用其他鸡舍的工具；做好门窗和进、排风口的防护以防止其他动物(猫、狗、老鼠和飞鸟)进入鸡舍。外来人员、工具和其他动物都可能是病原体的携带者，进入育雏室就可能成为疫病的传播者。

2. 定期进行全面的消毒

育雏开始前要对育雏室内外进行彻底的清理和消毒，将墙壁、地面、屋顶、设备和空气中的微生物杀灭；育雏期间每1～2天应在舍内喷雾消毒1次，每4～5天对育雏室周围地面、墙壁、门窗消毒1次。饮水器每天用消毒药浸泡刷洗1次，料槽(桶)每2～3天用较高浓度的消毒药水擦1次。从外面送来的饲料要在进入生产区时对外包装进行紫外线照射消毒。

3. 定期清理料槽和饮水器

喂料和饮水设备的卫生情况对鸡群的健康影响很大，如果受污染则污染物(包括病原体)就会随饲料和饮水进入乌骨鸡体内，进而引发传染病。要求料槽和饮水器每天应清理1次，将杂物及剩余水、料全部清出并集中处理，对料槽、饮水器应刷拭和消毒以保持其清洁。

4. 及时清理粪便

粪便中含有大量微生物和有机质，在育雏室内温度高、湿度大的条件下微生物会大量繁殖，而且会分解鸡粪中的有机质产生有害气体，粪便中水分蒸发还会升高室内湿度，这些都会对雏鸡产生不良影响。因此，粪便必须及时清理，要求人工清粪的情况下笼养鸡每2～3天清1次，散养鸡每周1次；笼养自动清粪的时候每天清理2～4次。

5. 病死鸡应及时处理

育雏期间，第一周死亡的雏鸡有可能是体质弱造成的，2周龄以后死亡的雏鸡则绝大多数是因为疾病所导致的，病死的雏鸡体内可能携带大量的病原体，是鸡群内重要的疾病传染源，如果不及时拣出则会影响其他雏鸡的健康。发现病死鸡要及时拣出并焚烧或深埋并浇以消毒药水，不能随地抛放。

6. 保持饲料和饮水卫生

不使用发霉变质的饲料和原料，尤其不能使用受污染的鱼粉、肉骨粉等，饮水要经过过滤和消毒处理。

(十四)做好弱雏复壮工作

在大群饲养雏乌骨鸡条件下群内不可避免地会出现弱小的个体，而这些弱雏最易死亡。因此，做好弱雏复壮工作是提高育雏率的关键措施之一。

弱雏复壮工作可按以下要求进行：

1. 及时隔离

弱雏在大群内采食和饮水都受影响，也容易被其他雏乌骨鸡撞翻、踩倒，若不及时隔离则很容易死亡。

每个育雏室都应该有一个笼或隔出一个小圈作为弱雏乌骨鸡的康复笼(圈)，将随时发现的病弱雏乌骨鸡及时挑出放入其中，以便于及时处理。

2. 适当增温

病弱的雏乌骨鸡体质差，采食少，在低温处会加快体热散失，更易死亡。因此，弱雏笼(圈)应安排在舍内温度较高的地方，也可以另外加设供温装置。要求弱雏笼(圈)内的温度比其他笼(圈)高2℃左右。

3. 补充营养

弱雏乌骨鸡的采食量小，总的营养摄入不足，这样因营养缺乏会加重病情。弱雏乌骨鸡的营养补充除喂饲高营养浓度饲料外，通过饮水也是一个良好的补充营养途径。

弱雏乌骨鸡的营养补充重点是能量和维生素，可以通过向水中添加5%的葡萄糖粉或蔗糖，或按说明添加一些速溶多维、电解多维或速补—16等。此外，还可向饮水中添加一些微量元素添加剂和补液盐类物质。对于不吃料、饮水少的雏乌骨鸡个体还可考虑用滴管将添加有营养物的水溶液滴入口中。

4. 合理用药

针对导致弱雏乌骨鸡的原因，可以在饲料或饮水中加入适量的抗菌药物或抗寄生虫药物。对有外伤者应对伤口进行消毒处理。

(十五)防止意外伤亡

1. 防止野生动物伤害

雏乌骨鸡缺乏自卫能力，老鼠、鼬、鹰都会对它们造成伤害。因此，育雏室的密闭效果要好，任何缝隙和孔洞都要提前堵塞严实。当雏乌骨鸡在运动场过程中要有人照料雏鸡群。猫、狗也不能接近雏鸡群。育雏人员经常在育雏室内巡视是防止野生动物伤害雏鸡的最重要措施。在育雏的第一周夜间必须要有值班人员定时在育雏室内走动，而且在灯光布置的时候必须注意不能有照明死角。

2. 减少挤压造成的死伤

育雏室温度过低、雏乌骨鸡受到惊吓都会引起挤堆，造成下面的雏鸡死伤。

3. 防止踩、压造成的伤亡

当饲养员进入雏鸡舍的时候，抬腿落脚要小心以免踩住雏鸡、放料盆或料桶时避免压住雏鸡；工具放置要稳当、操作要小心，以免碰倒工具砸死雏鸡。

4. 防止中毒

育雏期间可能出现的中毒情况包括药物中毒和煤气中毒。药物中毒主要是药物用量过大或在饲料中混合不均匀；煤气中毒主要是使用燃料加热而又没有良好的通风设备造成一氧化碳在育雏室内大量聚集。

5. 其他

笼养时防止雏鸡的腿脚被底网孔夹住、头颈被网片连接缝挂住等，防止长时间缺水后雏乌骨鸡暴饮等。

（十六）雏乌骨鸡的选留

作为种用的雏乌骨鸡在 6～8 周龄的时候需要进行选留，将体质健壮、发育良好、外貌特征符合留种要求的个体留下来继续饲养，把不符合这些条件要求的个体挑出后淘汰或作为商品肉用乌骨鸡进行育肥后出售。

（十七）雏乌骨鸡的日常管理

育雏是一件十分费心的技术工作，育雏人员不仅要有良好的业务技能，更重要的是要有高度的责任心，即要求育雏人员对工作既要“愿”干还要“会”干。

1. 育雏室内巡视

观察是日常管理工作的重要内容。作为观察的内容较多，包括鸡群的精神状态、密度，料槽内饲料状况，采食状况，饮水器状况，粪便的形状和颜色，温度计的显示，照明及通风设施的工作状态等。

2. 设备维护保养

检查与维修饲养设备，经常检查笼具有无损坏，连接是否牢固，料槽、水槽是否挂牢，有无漏料、漏水情况。

3. 日常卫生管理

舍内的清洁卫生工作，要求每天打扫舍内及周围的卫生，粪便、垃圾等污物及时清理运走。料槽、饮水器定期清理、消毒。消毒池或盆内的药水及时更换或补加药物。

4. 做好记录

应该详细记录每天鸡的死亡情况及原因、耗料量、体重抽测结果、免疫接种情况（疫苗类型、生产单位与日期、接种时间与方法等）、用药及消毒情况、温度与光照变化控制等。

(十八)雏乌骨鸡的防疫管理

1. 做好环境卫生

鸡舍内环境要保持清洁,每天清扫地面,定时清理粪便;鸡舍外周要定期清扫,尤其是门前道路需要每天清扫。垃圾要及时清运,定点掩埋。育雏室内每周喷雾消毒2～3次,室外道路每周消毒3次,通风口每天消毒1次。

2. 免疫接种

通常使用的免疫程序:1日龄接种马立克疫苗,5日龄接种新城疫-传染性支气管炎(H120)二联苗,11日龄和25日龄分别接种传染性法氏囊炎疫苗,35日龄接种新城疫-传染性支气管炎(H52)二联苗,42日龄接种禽流感油苗,50日龄接种传染性喉气管炎疫苗和禽痘疫苗。

3. 药物防病

1～4日龄主要使用预防或治疗鸡白痢的药物(如金霉素、土霉素、四环素、庆大霉素、卡那霉素、诺氟沙星等),10～13日龄和27～20日龄分别使用预防球虫病的药物(如莫能霉素、马杜霉素、盐霉素、氯苯胍、地克珠利等),24～26日龄使用抗大肠杆菌的药物(如庆大霉素、链霉素、诺氟沙星、环丙沙星、恩诺沙星,丁胺卡那霉素、卡那霉素、新霉素等)。

4. 病雏处理

雏乌骨鸡的抗病力低,在很多养殖场内育雏期间常常出现一些病雏,造成病雏产生的原因主要是感染鸡白痢沙门菌、大肠杆菌、败血支原体或曲霉菌,也可能是感染传染性法氏囊炎、新城疫等。

病雏如果处理不当不仅会造成雏鸡死亡,而且还可能成为鸡群内疾病的传播者,引起大群发病。因此,发现病雏必须及时隔离。

对于隔离的病雏要根据情况区别对待,精神状态尚好的可以使用药物治疗,如果表现严重的精神萎靡甚至虚弱得无法采食和活动的个体应该直接进行焚烧处理。

二、种乌骨鸡育成期的饲养管理

育成期是指9～22周龄的青年鸡群，在饲养实践中常常把9～14周龄作为育成前期、15～22周龄作为育成后期。

（一）育成期的乌骨鸡的生理特点

这个时期的乌骨鸡主要有以下生理特点：

1. 生长速度较快

在育成前期（9～14周龄）是乌骨鸡体重增加最快的阶段（见表5-4）。其体格（骨架）发育快，肌肉增长多。因此，无论是选留种乌骨鸡或是作为商品乌骨鸡饲养都应给以合适的饲料，促使其体重的增长。但是，在育成后期应该通过适当限制喂料量或饲料的营养水平控制体重的增长速度，防止体内脂肪过多沉积或性成熟期提前，影响种鸡的繁殖性能。

表5-4　泰和乌骨鸡的生长速度（公、母平均）

日龄	1	30	60	90	120	150
平均重（克）	28.8	158.27	342.07	596.42	808.55	1 016.73
平均日增重（克）	—	4.32	6.13	8.48	7.07	6.94

2. 适应性增强

进入育成期，随着乌骨鸡周龄的增长其各项生理机能发育已趋于完善，对环境条件变化的适应性逐渐增强。但是，对于丝羽乌骨鸡来说由于羽毛的保温性差，育成前期的鸡群对低温依然会表现出不适反应。因此，在低温季节依然要注意鸡舍的保温。

3. 采食量增大、消化能力较强

与雏乌骨鸡阶段相比，育成期的乌骨鸡日采食量明显增加，而且消化机能也渐趋发育完善，对饲料的消化利用效果明显增强。同时，肌胃的研磨能力明显提高，适当增加粗饲料的用量可以降低饲料成本。为了增强肌胃的研磨能力，笼养条件下应注意给鸡群补喂沙粒。

4. 生殖系统开始发育

进入 14 周龄后一部分青年乌骨鸡的生殖系统开始进入较快发育时期，17 周龄后发育更快。为防止部分鸡性成熟偏早，提高性成熟期的一致性，育成后期应考虑采取适当控制每天的光照时间和饲料(营养)的摄入量，控制生殖器官的发育速度。

(二)育成期种乌骨鸡的环境控制

1. 温度控制

乌骨鸡的丝状羽的保温性能不如片状羽好，育成初期若外界气温低，则应采取必要的保温措施。育成期适宜的环境温度为 20～30℃，夏季的舍温尽量不超过 32℃，冬季也不应使舍温低于 15℃。

由育雏期向育成期过渡应有一个逐渐脱温的过程，尤其在低温季节，更需要注意育成初期(12 周龄前)的保温要求，至少保证舍内温度不低于 15℃。

在秋季、冬季和早春应防止鸡舍温度出现大的波动，若遇天气变化则应提前采取预防性措施。如果鸡舍内温度波动大很容易造成乌骨鸡受凉并诱发多种呼吸系统疾病的发生。

2. 相对湿度控制

育成鸡群舍内的相对湿度以保持在 60%～65% 为宜，无论在何种条件下湿度不能低于 50%，也不宜超过 75%。湿度低则鸡舍内容易出现粉尘过多的问题；湿度过高则会加重高温或低温对鸡体造成的不良影响，会造成垫料潮湿以及金属制品的锈蚀等。

由于育成鸡的排粪量、呼出水汽的量较大，且易将饮水器或水槽内的水弄到地上，故舍内相对湿度常常偏高，应采取措施防止湿度偏高。

3. 通风控制

育成鸡由于体重增大，呼吸过程中消耗的氧气和排出的二氧化碳量都较高，尤其是舍饲条件下的饲养密度都比较高，更容易出现鸡舍内空气质量恶化的问题。因此，每天要根据外界气候状况安排通风以更新舍内空气，防止有害气体积聚而影响鸡群的健康。

对于育成鸡群要求鸡舍内氨气的含量不超过 15 毫升/米^3，硫化氢含量不超过 10 毫升/米^3。如果鸡群长期处于有害气体和粉尘含量高的环境中则会对其呼吸道黏膜和眼结膜的健康造成不良影响，进而降低机体的免疫力，更容易感染疾病。

育成鸡舍的通风关键在于低温季节的控制，要防止通风时冷风直接吹到鸡身上，这样很容易造成鸡的受凉感冒。同时要注意防止进风口附近温度出现较大幅度的下降。

4. 光照控制

育成期一般采用自然光照，必要时还应采取适当的遮光措施。根据鸡舍情况和雏鸡出壳时间可采取不同的光照方案。但是，考虑到当前多采用有窗鸡舍，为了符合育成鸡光照应"逐渐缩短"或"恒定短光照"的要求，一般在 14 周龄前将光照时间控制为每天 13 小时左右，自然光照不足应用灯光补够；14 周龄后将光照控制在 11 小时以内，若自然光照时间长则应在早晨和傍晚在窗户上采取遮光措施。

（三）育成期乌骨鸡的饲养要求

1. 适时调整饲料的营养水平

对于种用育成期的乌骨鸡群，饲料可以按照两个阶段配制，即前期料和后期料，前期料的营养水平（主要是蛋白质和钙含量）高于后期料。各时期鸡的生长发育特点不同，对各种营养的摄入量要求也不同。

进入育成前期后，将饲料由雏乌骨鸡料逐渐更换为育成前期料，让青年乌骨鸡依然能够获得较多的营养以保证其前期较快的生长发育速度；进入 15 周龄时再更换为育成后期料，以限制其营养素的摄入量，控制体重增长和生殖器官发育的速度。

换料的时间要根据鸡群的发育情况而定，如果育雏结束时雏鸡体重较小则应考虑将雏鸡饲料适当延长使用一段时间（雏鸡体重较小不是因为饲料质量差造成的情况下），如果育雏结束时雏鸡体重达标或略大则可以按时换料。同样，在育成前期结束时是否换料也要考虑此时鸡的体重发育情况。无论何时更换饲料都需要有一个过渡期。

2. 适量喂饲青绿饲料

如果采用平养方式，在育成期间可以给鸡群适当喂饲一些青绿饲料。青绿饲料中含有多种营养物质，适口性也好。在广大农村青绿饲料来源广泛，适量使用不仅可提高鸡群的健康状况，还可以降低饲养成本。青绿饲料用前应洗净，阔叶植物可让乌骨鸡啄食，窄叶植物及草茎应切碎后拌料喂饲。青绿饲料喂量在育成前期可占精饲料量的20%，后期可占30%。在育成后期还可适当加大用量。

3. 定时喂饲

育成前期每天可以喂饲3次，育成后期每天可以喂饲2次。前期每天按早(7点半前后)、中(12点前后)、晚(下午4点前后)3次喂饲，后期每天在上午9点和下午3点喂饲。每次喂料量应以喂后30分左右吃完为宜。喂饲量不足会影响生长发育，喂饲量过多则造成饲料浪费。带有室外运动场的乌骨鸡舍，可以把中午的喂饲放在运动场进行，见图5-6。

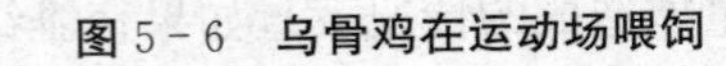
图5-6 乌骨鸡在运动场喂饲

4. 补喂沙粒

若采用笼养方式，每周应在料槽中添加1次沙粒。每次添加量，前期按每100只鸡每次400克，后期按600克，沙粒的大小与绿豆大小相近即可。

5. 保证饮水的充足供应

在有光照的时间内应保持饮水系统内不断水，并保证水质的清净。

(四)笼养青年乌骨鸡的管理要点

青年乌骨鸡笼养便于管理，还可节约饲料，卫生状况也比较好，在大多数种乌鸡饲养场基本都采用这种饲养方式。在管理上应注意以下几点：

1. 保证供水系统的有效性

笼养乌鸡基本上都是使用乳头式饮水器供水，需要注意其安装位置和高度，保证每只鸡都能接触到饮水乳头。应经常检查饮水乳头有无漏水或堵塞问题。

2. 让鸡均匀采食

对于育成期的乌骨鸡群，提高鸡群发育的均匀度是非常重要的管理目标，而保证鸡均匀采食使其每天摄入的营养素量基本相同则是保证鸡增重速度相似的基础。目前，中小型鸡场的笼养乌骨鸡仍以人工加料为主，喂饲不均匀的情况时有发生。

要保证鸡均匀采食可采用以下几项措施：①每个单笼内按照要求放入鸡，若鸡多则采食位置不足，鸡少则采食位置偏大，造成采食不均匀。②每个单笼内鸡的数量相同。③每次喂料后 20 分要匀料 1 次，匀料的目的是将槽内某处较多的料匀到料少的位置。匀料时要注意槽内饲料较多的原因是否是鸡精神状态不好还是采食受到了妨碍。一些大中型鸡场可能采用自动喂料设备，需要定期检查出料口是否合适，定期调整出料口的大小以保证加料量的适宜，定期检查料箱内是否有饲料结块，如果有要及时清出并分析原因。

3. 及时调整鸡群

在鸡舍内将某几组笼定为体重小的鸡笼，专门饲养体重偏小的个体，另有几组笼为体重大的鸡笼，专门饲养体重偏大的个体，其余大多数为体重适中的鸡的笼。饲养过程中按体重大小及时调整鸡笼，并调整喂料量或饲料营养水平，以促使鸡群整齐发育。

4. 减少鸡外逃

鸡笼门设计不合理时会被鸡轻易撞开，饲养员没扣紧笼门时会使鸡外逃。笼网连接不牢或铁丝脱焊而出现较大缝隙时也会造成鸡外逃。装笼时鸡体格过小也会从缝中挤出。笼养鸡出现鸡外逃时会给饲养管理和卫生防疫带来很多麻烦，要经常检查有无鸡从笼内外逃，发现后及时捕捉并检查是哪个鸡笼出现问题，及时检修。

5. 防止夹挂

饲养人员应经常注意观察舍内情况，当鸡夹挂在鸡笼网片上时，鸡会尖叫或扑扇双翅发出异常声音。发现后及时处置，以防鸡死伤。

6. 经常检查设备

每天多次检查笼具有无变形，笼门是否卡牢，料槽是否漏料，是否有妨碍乌骨鸡采食和饮水的现象等。

(五)地面平养青年乌骨鸡的管理要点

在小规模的生产条件下种用青年乌鸡常常采用地面平(散)养方式，其管理要点包括以下几点：

1. 合理分群

根据饲养量大小将鸡群分为若干个小群，每群鸡的数量200～500只。舍内用竹子或塑料网将空间分隔成若干部分，室外运动场也相应分隔。每个小隔间饲养一个小群的鸡，要保持各群的相对独立。

分群便于管理，如将体重大小不同的个体分别放在不同的群中，对体重偏小的个体加强营养以促进增重，有助于提高群体发育的整齐度；将公鸡和母鸡分群饲养有利于按照各自的生长特点采取不同的管理措施；将体质弱或患病的鸡集中在一个小群内便于针对性治疗，可以避免少数鸡有病大群鸡吃药的问题。

作为种用青年乌骨鸡应把公鸡与母鸡分开圈饲养并采用小群低密度的方式，每群公鸡的数量为100～200只。

青年乌骨鸡分群后不要经常进行调群，因为调群后会由于新个体的调入而引发争斗。一般在鸡舍内留一个小圈，作为鸡群调整的专用圈，其他圈内的鸡不要调进，需要调出的就放入这个专用圈内。

2. 保持合适的饲养密度

地面平养条件下的饲养密度，见表 5－5。舍外有运动场时密度可略有增加，无运动场时则密度宜略小，还应考虑所养乌骨鸡的类型（如不同品种其体重差异较大，常羽乌骨鸡比丝羽乌骨鸡更爱活动、需要较大的空间）加以调整。

表 5－5　地面散养青年乌骨鸡的饲养密度（只/米^2）

周龄	9～12	13～16	17～20	21～24
密度	14～12	12～10	10～8	8～6

在实际生产中当鸡群达到 9 周龄后直接把饲养密度调整到每平方米 7 只左右，在以后的饲养过程中不再进行密度调整，保持鸡群的稳定。

3. 增加活动量

带有室外运动场的乌骨鸡舍应让鸡群经常到运动场上活动，以促进其骨骼和肌肉的结实发育，增强体质，见图 5－7。也可每天向运动场投放一些青绿饲料让鸡抢食以促进其运动。只要不是恶劣天气，都可以让鸡群到室外。如果是冬季则要注意在风雪天气不让鸡群外出，其他无风雪的天气可以在上午 10 点至下午 4 点让鸡群室外

图 5－7　平养乌骨鸡在室外运动场活动

活动；夏季运动场最好有遮阴措施（如在运动场周围植树或运动场内搭设凉棚等）让鸡群能够乘凉，下雨天或雨后运动场泥泞的情况下不让鸡群外出，以免将舍内垫料弄脏。

4. 安放栖架

在育成鸡舍内可用木棍钉成“目”字形的木架，靠放于墙壁上，或放置在舍中间，训练乌骨鸡在夜间卧于栖木上休息，减少休息时与粪便及湿硬地面接触。

5. 保持地面的卫生

在地面散养条件下，室内地面和运动场的卫生状况对鸡群的健康和体表的清洁度影响很大。要求每周应将室内垫料、粪便清理 2 次，运动场每周打扫 2 次，每次清理后要进行消毒。

6. 保持饲料和饮水的清洁

料桶和饮水器适当垫高，随周龄增大乌骨鸡的体格加大要及时升高料桶和饮水器，使料盘和水盘边缘略高于乌骨鸡背部高度。

7. 加强垫料管理

在每年的 9 月至翌年 5 月之间一般使用碎麦秸或锯末、刨花、稻壳等作垫料，一定要注意防止垫料潮湿，以免室内有害气体含量过高和垫料发霉引起疾病。每年的 6～8 月温度较高，可以使用干燥的细沙作垫料，铺设的厚度约 2 厘米即可。垫料要经常翻动以保持上层的干净和松软，潮湿、脏污、结块的垫料及时更换。

8. 防治寄生虫病

地面平养鸡群容易感染寄生虫病，如球虫病、蛔虫病等，除保持地面、垫料和运动场干燥与卫生外，还需要定期使用驱虫药物以驱除乌骨鸡体内寄生虫。

9. 防止兽害

晚上将鸡群关入鸡舍后要关严门和地窗，窗户要罩金属网，以防兽类进入舍内危害鸡群。

（六）保持平养乌骨鸡舍内垫料干燥的措施

相对湿度偏高是饲养青年乌骨鸡生产中常见的问题，对于平养乌鸡群来说室内潮湿是影响其健康和生长的重要不良因素。其综合控制措施包括以下几个方面：

1. 垫高鸡舍内地面

舍内地面应比舍外地面略高一些可以防止潮湿，一般在建造鸡舍时对舍内地面采取垫高措施，使室内地面比室外高 30～40 厘米。这样也能够防止雨后舍外积水渗入舍内。

2. 运动场排水便利

鸡舍周围和运动场要适当垫高并在周围设置排水沟，保证舍外排水便利，无论是雨后或是室内冲洗后鸡舍周围不能积水。

3. 减少饮水设施的漏水

包括水管、水龙头、水槽或饮水器要经常检查、及时维修。若用水槽供水，人工加水时要用合适的工具，采用长流水方式则要用胶管将水槽末端连于室外。

4. 不要将脏水泼于室内

无论是洗刷料槽、水槽(饮水器)的水，还是洗手等用后的水要倒于室外排水沟内，不能泼在室内。

5. 喷雾降温和消毒要控制用水量

根据室内实际情况控制用水量，避免室内过湿。

6. 房舍用前应充分干燥

无论是新建房舍还是改建房舍，或经粉刷、冲洗后都应放置一段时间，或进行强制通风以促进舍内湿气的排出，待室内墙壁和地面充分干燥之后再使用。

7. 铺设合适的垫料

平养情况下经常在室内地面铺些干燥柔软的垫料，可以较多吸收室内空气中的水汽。潮湿的垫料要及时清出。

8. 合理进行通风

通风是降低鸡舍内湿度的重要措施。笼养鸡舍需要经常打开部分门窗、风机通风，平养鸡舍当鸡群到运动场活动时应打开所有门窗或风机，加大通风量以降低湿度。

9. 减少鸡拉稀

引起鸡拉稀的原因很多，如饲料中食盐含量过高或颗粒较大、或搅拌不均匀，使用被微生物污染并腐败变质的饲料原料（尤其是动物性饲料原料），舍内温度过高，各种原因引起的肠炎或肾脏有尿酸盐沉积等。针对鸡拉稀的各种原因采取相应措施以减少粪中的含水量。

10. 雨后暂停室外活动

下雨后运动场容易出现潮湿、泥泞的问题，甚至会有积水坑，如果让鸡群在雨后到运动场活动则脚爪和羽毛上会沾有水，进入鸡舍后就可能弄湿垫料。

（七）提高乌骨鸡群的发育整齐度

育成期间乌骨鸡群的发育整齐度高是以后繁殖性能高的重要保证，尤其是育成后期整齐度的影响非常大。整齐度高的青年鸡群性成熟期比较接近，开产后的产蛋率上升速度快、产蛋高峰持续时间长、喂饲和管理方便、死淘率低、种蛋合格率高。因此，应该把提高群体发育整齐度（尤其是 18 周龄前后鸡群的整齐度）作为育成期乌骨鸡饲养管理的重要工作任务来做。提高鸡群发育整齐度的具体措施如下：

1. 选养种质优良的乌骨鸡

目前全国各地的地方乌骨鸡良种及杂交乌骨鸡种群较多，由于选育程度低其群内个体间的体重、体格差异较大。选育程度高的品种或种群，群内个体之间发育的差异性比较小，即便是同一个品种或地方良种在不同的种鸡场是否经过选育，其个体均匀度也会存在较大差异。因此，饲养选育程度高的乌骨鸡则可减轻由于个体间差异所带来的整齐度较低的问题。这就要求在引种的时候要从那些对种鸡群持续进行选育的种鸡场引种，如果是本场选育的种鸡群也要在每个世代把合适的体重、体格作为重要的选育指标。

2. 要有合适的饲养密度

饲养密度对鸡群发育的整齐度影响很大，饲养密度大往往造成群体整齐度差，其原因在于每个鸡的生活空间有限，环境质量和鸡群精神状态都不佳。适宜的饲养密度（参见前面所述）是保证群体发育整齐的重要条件，尤其是对于种用青年乌骨鸡可以考虑适当降低饲养密度以获得发育良好的后备鸡群。

3. 有足够的采食和饮水位置

保证鸡群内每只鸡每天能够摄入数量相同的饲料是保证鸡群生长速度相似的重要前提条件。每只鸡有足够的采食位置是保证均匀采食的基本条件，喂料后每只鸡都能够有采食的机会，若采食位置不足则喂料后鸡抢食，造成采食量不均匀，也就造成发育不整齐。即使喂料量较多，由于鸡有挑食的习惯，采食位置不足也易造成饲料的摄入成分不一致，营养摄入不均衡。快速加料也是保证均匀采食的重要措施，如果加料速度慢会使一些鸡抢先吃料，吃得更多，而其他鸡吃的料就会减少。饮水设施所提供的饮水位置不少于采食位置的1/2。

4. 合理调群

饲养过程中根据鸡群发育情况调整鸡群，鸡群应按照体重分为大、中、小 3 个类群，分别安放大体重、中等体重和小体重的个体。相同体重的个体在一个小群内有助于减少相互之间的影响，有助于给料量的控制。若大、小鸡混于一群则群内强壮的大个体鸡会欺负弱小的鸡，弱小的个体采食也会受影响，时间长了会造成群内个体间体重大小悬殊更大，不利于提高群体发育整齐度。

5. 控制喂料、抑大促小

分群后对于弱小的鸡群应增加喂料量或提高饲料营养浓度，促使其较快地生长发育；对于体重偏大的鸡群可适当限制其喂料量以抑制其生长速度，以最终达到全群体重较为接近的目标。

6. 舍内环境条件尽量均匀

环境条件也会影响鸡的生长发育，舍内各处的温度、光照和空气质量要尽可能适宜。

(八)青年乌骨鸡的选留

目前，乌骨鸡的育种工作还比较落后，尚未形成专业化的育种系统，在多数种鸡场都是在大群内选留优秀的个体作种用。而且，目前乌骨鸡的饲养目的主要是用于提供肉用的商品乌骨鸡。但是，在种鸡群选留时需要按照父本和母本两个种群进行选留。

对于采用自繁自养的乌骨鸡场或自己进行选育的种乌骨鸡场应做好以下工作：

1. 确定合适的选留时间

青年乌骨鸡的选留可在12～15周龄以及20～24周龄分两次进行。第一次选留时的青年乌骨鸡已具备了应有的外貌特征，而且其生长速度的快慢也得到体现；一般在此阶段主要考虑体质、特征和体重；第二次选留时已经接近鸡群的性成熟期，外貌特征已经稳定，尤其是第二性征已经出现。

2. 制定留种标准

根据所养乌骨鸡的具体情况，总体要求其外貌特征、体型、体重等要符合该品种的基本特征。要求留种的个体在羽毛颜色和形状，鸡冠的形状，尾羽形状，趾的数量，是否毛脚等方面要相对一致。

3. 公鸡的选留要求

公鸡应具备乌骨鸡品种应有的外貌特征，无伤残，无畸形，体重大，胸部宽深，腿部粗壮，冠大，舌面为青乌色。

4. 母鸡的选留

母鸡应具备品种特征，舌面为青乌色，羽毛发育良好，无伤残，无畸形，体重中等或略大。

选留出的公鸡和母鸡应放在青年种鸡舍(圈)内饲养，公、母鸡也应分圈管理。剩余的青年乌骨鸡可按照商品用乌骨鸡的饲养管理要求饲养，经数周的肥育即可供应市场。

(九)青年乌骨鸡的转群

当育雏期结束进入育成期时要将雏鸡转入育成鸡舍，当育成后期留作种用的鸡群达到一定体重时还要将其转入成年鸡舍，青年鸡群内选留出的不宜作种用的鸡要转入商品鸡舍。因此，在生产中不可避免地要进行转群处理。

转群对于鸡群来说是一种比较强烈的应激，在转群后的几天内鸡群的生长发育甚至健康都可能会受到一定程度的影响。因此，妥善地做好转群工作对于减轻鸡群的应激反应具有重要的意义。

1. 转群前的准备工作

转群前 5～7 天要将新鸡舍整修、消毒，将所有设备和用具调整好，以便鸡群转入后很快能开始正常生活。转群用的工具（如笼具、车辆等）要冲洗、消毒、检修；参与转群工作的人员要合理分工，并进行消毒。

2. 转群时期

根据乌骨鸡的饲养方式确定转群的时期，如果采用笼养方式可能会有两段式饲养和三段式饲养两种形式。如果采用两段式饲养可以把转群时期确定为 15 周龄前后，将鸡群从育雏育成一体笼内转入产蛋鸡笼，这种方式转群时期不宜太早，否则鸡的体重和体格较小，容易从产蛋鸡笼中逃出。采用三段式饲养方式，第一次转群在 8 周龄前后，将鸡群从育雏笼转入青年鸡笼；第二次在 18～19 周龄（在性成熟前 2～3 周）进行，将鸡群从青年鸡笼中转入产蛋鸡笼，转群时期不能太迟，否则会影响鸡群的开产时间和初产期产蛋率上升速度。地面散养也可以参考这种转群时期安排，只不过日期可以适当提前或推迟，但是采用三段式饲养方式同样应在鸡群性成熟前 2～3 周转群。

3. 转群工作安排

抓鸡转群宜在晚上进行，白天转群乌骨鸡易受惊吓。晚上转群之前应在舍内留一个小灯泡，使舍内保持很微弱的光线，而乌骨鸡在微光下视力差、不跑动，这样可方便人员抓鸡。如果安排在白天转群则鸡舍要拉上窗帘，关闭灯泡，尽量使室内光线弱一些。

平养鸡群抓鸡时最好有几个人使用围网，每次将几十只鸡围在鸡舍的一角以便于抓鸡，然后再围挡。如果每次围挡的鸡太多在抓鸡时容易引起鸡的挤压而造成部分鸡伤残甚至死亡。笼养乌骨鸡抓鸡时一个笼门前最好有两个人，一个人抓鸡、一个人接鸡，以减少鸡外逃。

平养鸡群在抓鸡前为了便于操作应将喂料和饮水设备取出或放在鸡舍一角，但不能让鸡钻入其中。笼养鸡转群前要关闭饮水系统，清空料槽内的剩余饲料。

抓鸡时不能大声喊叫，应尽可能保持环境的安静以减轻对鸡的骚扰。

转群应选择在无风、无雨雪的天气进行，夏天避开中午前后酷热的时期、冬天避开严寒的时期。

4. 运鸡

若用人工抓鸡运送方式运鸡则每人每次每个手抓 2～3 只，不能抓得太多；要抓住双腿，不能只抓一条腿或一只翅膀，以免鸡受损伤；若用转鸡笼运送则每笼内每次放的鸡数量要相同，笼内不能过于拥挤(尤其是运输路程较远或气温较高时更是如此)。若用车辆运输则转鸡笼之间应留有一定间隙以便通风，转鸡笼也不宜堆码过高。

5. 放置

将乌骨鸡运至新鸡舍后要根据计划分别放置(如公母、大小等)，每笼或每圈内放置乌骨鸡的数量要符合规定。

6. 缓解转群应激

为了缓解转群造成的应激，在转群当天及其后 3 天应在饲料或饮水中将复合维生素用量比平时增加 1 倍，另加 0.03%的维生素 C，饮水中还可加入补液盐。同时，还应考虑喂用一定量的抗生素。

7. 卫生防疫

新转入的鸡舍应该经过严格的消毒，转群使用的各种工具和参与人员也需要进行消毒。转群时可以结合进行灭活疫苗的注射接种。

(十)青年种乌骨鸡的开产期控制

当乌骨鸡生长发育到一定的周龄阶段，体重达到一定标准时，其生殖系统就开始较快地发育并在一定时期内达到成熟，开始产蛋。种乌骨鸡开始产蛋的时间对其以后的生产性能有较大影响，需要合理调控。

乌骨鸡开产时间偏早则由于体重小，其所产蛋的重量就更小，种蛋合格率低；而且开产早鸡群的成熟同步性差，种蛋受精率偏低，高峰期产蛋率偏低；产蛋高峰期持续时间短，中后期鸡群的死淘率较高。若开产时间过迟则会缩短种乌骨鸡利用时间，增加种蛋的生产

成本。对于育成后期乌骨鸡性成熟期的调控主要从以下几方面进行。

1.确定鸡群适宜的开产日龄

要了解所养乌骨鸡的类型及其建议的性成熟周龄，以泰和丝羽乌骨鸡为例，其性成熟期为26周龄，因而在21～22周龄时就应从饲料营养、光照控制等方面着手开始调整，调整措施应该在预计的性成熟期之前4～5周开始。如果开始的时间晚，可能所采取的调控措施不能充分发挥其调控作用。

2.育成后期要掌握鸡群体重发育情况

育成后期每周要抽测1次体重，因为当鸡群达到性成熟期的时候其体重也要达到适当的标准。如果性成熟时鸡群的体重偏小则初产蛋重小、产蛋高峰维持时间短；如果体重偏大则可能由于母鸡腹腔内蓄积较多的脂肪而影响产蛋率，也会出现较多的难产情况。每个品种的乌骨鸡性成熟时的体重存在差异，有的差异还比较大。因此，要了解所养品种的体重发育标准，要掌握乌骨鸡性成熟时应达到的体重，例如泰和丝羽乌骨鸡性成熟时的体重标准为1.2千克。所以，在20周龄时要根据体重测定的结果来调整营养摄入量以保证性成熟时达到标准体重。

另外，即考虑性成熟期时要综合考虑周龄和体重两项指标。若体重发育快则性成熟期可适当提前5～10天，若体重偏小则应推迟5～10天。

3.调控措施

调整种乌骨鸡性成熟期的主要措施有两个：一是饲料营养水平，当育成后期喂含粗蛋白质含量较多的饲料时则可使性成熟期提前，喂含粗蛋白质少的饲料时则性成熟期推迟；二是光照管理方案，育成后期若光照时间逐周延长则会使性成熟期提前，若采用短光照（每天少于10小时）或光照时间逐周缩短则性成熟期会推迟。在实际生产当中可根据乌骨鸡群周龄及体重发育情况，结合生产需要从营养和光照两方面加以调整。但必须注意若性成熟期推迟或提前过多则对生产不利。

(十一)平养种乌骨鸡的公、母混群

在鸡群达到性成熟前3周要对公、母鸡进行混群，加强其相互之间的熟悉和适应，保证以后鸡群良好的产蛋率和种蛋受精率。

1. 混群时间

混群的合适时间在鸡群性成熟前3周。过早混群不便于饲养管理，因为公鸡和母鸡生长发育速度、争斗性等有差异，混养在一起不利于母鸡的生长发育；混群过晚，同群的公鸡需要争斗才能建立群序(等级地位)，而争斗过程也会影响母鸡的正常生活，同时混群后公鸡与母鸡之间也需要有一个适应过程，时间晚了影响母鸡初产期的产蛋率上升速度。

2. 混群方法

混群尽可能与转群结合进行，提前将鸡舍整理好，按照每个圈计划饲养鸡的数量和公、母配比，将公鸡比母鸡提前5～7天转入圈内，使同一圈内的公鸡相互熟悉或通过争斗建立群序地位，熟悉新的环境，之后再将计划数量的母鸡转入圈内。

3. 注意事项

转群的时候要按照每个圈计划饲养鸡的数量放置确定的公鸡数和母鸡数。转群的时候要进行个体选择，淘汰病弱残个体。混群期间要放置产蛋箱或设置产蛋窝。产蛋箱一般为两层，两侧共有24个产蛋窝，要求4只母鸡有一个产蛋窝。提前把喂饲和饮水设备安装调试好，将栖架安放好。公鸡要比母鸡提早转入。

三、繁殖期种乌骨鸡的饲养管理

(一)繁殖期种乌骨鸡的饲养管理目标

饲养种乌骨鸡的主要生产目标是获得更多的合格种蛋，各项性能要求如下：

1. 较高的产蛋率

产蛋率越高则能够提供的种蛋越多，以泰和丝羽乌骨鸡为例，65周龄产蛋数量为130枚/只，能够作为种蛋使用的115枚/只；有的高

产乌骨鸡种群 65 周龄能够产蛋 165 枚/只，能够作为种蛋使用的有 145 枚/只。即便是同一品种饲养管理水平差异也会造成产蛋率的不同如泰和丝羽乌骨鸡在有的种鸡场 65 周龄产蛋数量只有 120 枚/只，能够作为种蛋使用的 110 枚/只，在另外的种鸡场其 65 周龄能够产蛋 145 枚/只，能够作为种蛋使用的有 130 枚/只。

2. 较高的种蛋合格率

成年种乌骨鸡所产的鸡蛋中有些不能作为种蛋使用，如蛋重过大或过小、蛋壳破裂、畸形、蛋壳过薄或粗糙等，这些不合格的蛋形成的主要原因与开产体重、鸡体健康、饲料营养、环境条件、设备质量和管理水平等都有关，如果这些因素控制得好，种蛋的合格率就会更高。

3. 高的种蛋受精率

只有受精的种蛋才能孵化出雏鸡，如果种蛋受精率低就会使每只种母鸡所提供的后代雏乌骨鸡数量减少。种蛋受精率主要与种鸡健康、饲料营养、配种管理和环境条件等因素有关。一般要求种蛋受精率不应低于 90%。

（二）繁殖期种乌骨鸡的饲养方式

繁殖期种乌骨鸡的饲养方式有 3 种，各自的特点如下：

1. 笼养

使用种鸡笼进行饲养，种母鸡笼与产蛋鸡笼相同，种公鸡笼为两层、每只鸡一个小单笼，采用人工授精配种方式。笼养方式的优点是鸡不与粪便、垫料接触，鸡体干净，感染寄生虫和霉菌性疾病的概率低，管理方便，母鸡较少出现就巢现象。

另外，目前生产中也有使用群体笼的，一般为两层叠层式，每层笼的高度比常规蛋鸡笼高 50%，宽度（深度）也增加 50%，一条笼通常从中间分隔成两个单笼，每个单笼内饲养 15～20 只母鸡和 2 只公鸡，采用自然交配繁殖方式。

图 5-8 笼养种乌骨鸡

2. 地面垫料平养

是在种鸡舍室内地面上铺设一层垫料，让鸡群生活在垫料上，包括采食、饮水、运动、配种、休息等均在垫料上进行。在 6～8 月可以使用干净的细沙作为垫料，其他月份用锯末或刨花、稻壳、碎稻草等作垫料，低温季节可以把垫料适当加厚可以达到 6～10 厘米，其他季节 4～7 厘米即可。在鸡舍内相对光线弱的地方设置产蛋箱。这种饲养方式的管理重点在于垫料管理，如果垫料潮湿则容易诱发鸡群感染疾病，也容易造成蛋壳表面脏污。

一般要对鸡舍内空间使用塑料网进行分隔形成若干个小间，每个小间面积 50～80 米^2，可以饲养 300～400 只种乌骨鸡。

3. 网上平养

在距鸡舍地面约 50 厘米高处架设网床，将鸡群饲养在网床上。网床由支架和平网组成，支架包括竖立的支柱和平行的框架，竖立的支架可以用砖或角铁、木柱，平行的框架也可以用木条、金属制作，上面铺一层菱形孔塑料网。基本的情况与地面平养相似，差异主要在鸡在网上活动、粪便落到网下，鸡不与粪便接触。

也可以将网上平养和地面垫料平养结合起来使用，即采用两高一低饲养方式。在鸡舍内靠两侧架设网床、中间采用地面垫料。

(三)成年鸡舍在新鸡转入前的准备

生产实践中通常在青年乌骨鸡达到性成熟前 3～4 周将其转入

成年鸡舍以使其适应新的生活环境。在青年乌骨鸡转入之前要对鸡舍进行整理。

1.笼养方式成年鸡舍的整理

对于笼养方式的成年鸡舍在新鸡转入前要清扫舍内环境,检查和维修笼具及其他通风、照明、清粪设施。调整料槽、乳头式饮水器的高度以保证鸡的采食和饮水不受影响。

2.平养鸡舍的整理

对于平养方式的成年鸡舍,要在清扫消毒之后铺设垫料,在舍内四周靠墙处放置产蛋箱或砌设产蛋窝,箱(窝)内铺上5厘米厚的柔软的垫草。每3～4只母鸡应有一个产蛋巢窝。照明和通风设备要及时检修。

3.提前消毒

无论是笼养或是平养方式的成年鸡舍在新鸡转入前3～4天都要熏蒸消毒。方法可按1米^{3}舍内空间使用50毫升福尔马林的比例,将福尔马林放于若干个瓷盆中加入适量水,再置于煤火炉上加热熏蒸。也可按1米^{3}舍内空间使用100毫升5%的过氧乙酸溶液的比例,将过氧乙酸溶液置于若干个瓷盆内,再在每100毫升过氧乙酸溶液中添加10克高锰酸钾进行熏蒸消毒。熏蒸消毒过程中鸡舍必须密闭24～36小时以保证消毒效果。

(四)繁殖期种乌骨鸡的环境条件管理

1.环境温度控制

鸡舍温度是影响乌骨鸡繁殖性能的重要环境条件,对于成年种乌骨鸡来说最适于其生产的温度为15～25℃。温度偏高则影响蛋重及蛋壳厚度,温度超过30℃则影响更大,而且产蛋率、种蛋受精率及合格率也会明显下降;温度偏低会增加饲料消耗,若低于8℃则会影响产蛋量及种蛋受精率,低于3℃这种影响更大。

生产中关键在于夏季的防暑降温和冬季的防寒保暖,同时应注意防止舍内温度的急剧变化。尤其是从秋末到第二年早春的阶段,外界温度较低而且气温变化较快,容易在短期内出现温度的大幅度下降,通风的时候也会造成鸡舍内局部或整体温度的下降。低温季节室内温度的较大幅度下降很容易引起乌骨鸡受凉而诱发其他疾病(尤其是呼吸系统的传染病)。

丝羽乌骨鸡的羽毛保温性能较差,更应注意低温季节的保温。

2. 光照控制

光照对于产蛋期的种乌骨鸡而言不仅会影响其采食、饮水、活动和休息,更重要的是会影响其体内某些激素的合成和分泌,会对其繁殖过程产生明显的影响。

(1)光照时间的控制　对于接近性成熟以及性成熟以后的乌骨鸡,如果采用长光照(每天光照时间超过 14 小时)或光照时间逐周延长的变化模式则有利于促进其卵巢上卵泡的发育,如果采用短光照(每天光照时间少于 12 小时)或光照时间逐周缩短的变化模式则能够抑制其卵巢上卵泡的发育,因此在接近性成熟的时候常常采用渐增式光照控制、接近产蛋高峰及以后采用长光照。若鸡群的性成熟期为 24 周龄,那么在 22 周龄时就应开始增加光照时间。通常 22 周龄时日照明时间比 21 周龄时延长 40～60 分,从 23 周龄开始到 30 周龄期间日照明时间逐周递增 20～30 分,30 周龄日照明时间达到 16 小时,以后保持稳定。光照时间延长的速度要合理控制,加光速度快容易造成鸡的脱肛和难产,加光速度慢则产蛋率上升速度也慢。产蛋期间切忌光照时间忽长忽短,开关灯时间应相对固定。

(2)光照的补充方法　目前,生产中一般使用的种乌骨鸡舍都是有窗鸡舍,白天应充分利用自然光照,补充照明应在早上和傍晚(及晚上)。人工补充光照一般都采用白炽灯,也可以考虑使用荧光灯、节能灯等。

(3)光线分布　由于光照会影响鸡体内生殖激素的分泌,因此必须保证舍内鸡群均匀接受光照刺激。笼养鸡舍内灯泡必须装在走道的正上方,损坏的灯泡应及时更换,每周用干抹布将灯泡擦一次(白天关灯后进行)。不同走道上方安装的灯泡应分别安设开关。

笼养乌骨鸡上、中、下各层所感受的光线强度有差异,这也是其产蛋性能不同的原因之一,应设法减小这种亮度差异。

(4)光照强度　人工补充光照时以每平方米舍内地面有 4～6 瓦

功率的白炽灯泡即可，或以工作人员进入舍内后能清楚地观察到各处料槽内的饲料情况为准。这样可保证鸡的采食、饮水不受影响，也能起到刺激鸡体内生殖激素分泌的作用，同时也便于工作人员的观察和操作。光线过强也不会有更好的作用，白天靠近鸡舍南侧窗户的地方有可能光线过强，这样会造成鸡群的不安，易诱发啄癖，必要时应考虑采取遮挡强光的措施。

3. 湿度控制

在温度适宜的情况下乌骨鸡对相对湿度的适应范围较宽，45%～70%的相对湿度都能够适应。在生产实际中多数情况下常见的问题是相对湿度偏高，无论在高温或低温环境条件下这对乌骨鸡而言都是不利的。高温高湿的环境不利于乌骨鸡体内热量的散发、容易造成鸡热应激，也易使饲料发霉变质，这是一年中鸡群生产性能受影响最大的时期，也是平养鸡群大肠杆菌病和寄生虫病的高发期。低温高湿则会加大乌骨鸡体热散发量，使乌骨鸡备感寒冷。

对于笼养乌骨鸡高湿的不良影响还不算太大。对于地面垫料平养的乌骨鸡群这种不良影响则很明显，必须采取有效的降湿或防潮措施，如合理组织通风、减少饮水器的漏水、垫高鸡舍地面并做防潮处理、更换潮湿垫料等。

4. 通风控制

鸡舍内粪便在微生物的作用下其中的一些有机物质会被分解而产生氨气、硫化氢等有害气体，鸡群呼吸过程中会产生二氧化碳，若采用火炉供温也会产生二氧化碳和一氧化碳。此外，添加饲料、翻动垫料、鸡群跑动等过程也会产生或扬起大量的粉尘。空气中这些有害气体和粉尘含量偏高时对鸡群的健康和生产都是不利的，必须通过通风以不断更新舍内空气，将这些有害气体和粉尘含量降至最低水平。因为鸡群长期处于粉尘、氨气和硫化氢含量偏高的环境中会刺激眼结膜和呼吸道黏膜，降低其对病原微生物的屏障作用，容易诱发呼吸道疾病。

改善鸡舍空气质量主要靠合理组织通风来实现。通风可以根据季节变化使用门窗进行自然通风或利用风机进行机械通风。在每年

的 5～9 月利用风机或门窗进行通风不会造成鸡舍内温度的明显下降，不会对鸡体产生冷刺激。但是，在 10 月至翌年 4 月外界温度较低的季节进行通风则必须考虑鸡舍内温度的下降问题，要解决好通风与保温的矛盾。合适的通风程度为既不使鸡群感到寒冷也在人进入鸡舍后不感到有明显的粪臭味。

(五)产蛋期种乌骨鸡的饮水管理

饮水对于种乌骨鸡生产来说具有重要意义，生产中的有些问题的发生也常与饮水管理不当有关。

1. 保证饮水的充足供应

繁殖期的种乌骨鸡在鸡舍内有光照的期间不能缺水，缺水时间稍长就会影响采食量和产蛋量，长期或经常性缺水易造成乌骨鸡的代谢紊乱而影响其健康和生产。在生产中早上开灯后就应开始供水，有光照期间就要保证饮水系统内有足量的水，若特殊情况需要停水(如为了饮水免疫等)，停水时间夏季不能超过 2 小时，其他季节不能超过 3 小时。

2. 水质符合卫生标准

要求饮水中亚硝态氮、硬度及微生物的含量不能超标，pH 应为中性。若水中镁、氟含量高则会影响乌骨鸡的健康和蛋壳质量，亚硝酸根离子及细菌(尤其是大肠杆菌)含量超标则会严重影响鸡群健康。深井水的质量优于地表水。

要求每 1～2 个月要对水质进行一次化验以及时了解水质情况，必要时在使用前应对水进行过滤和消毒处理。

3. 勤清水槽或饮水器

当乌骨鸡使用水槽或真空饮水器、吊塔式饮水器饮水时常常将饲料带入饮水中，而且随着饮水在槽内存放时间延长其中的细菌含量也会迅速增多。要求每天应用消毒药擦洗和清水冲洗一次水槽或饮水器，保持水槽壁及饮水器水盘的干净。

使用乳头式饮水器效果比较好，但是也要求每次通过饮水添加疫苗或其他药物和添加剂之后，间隔 2～3 小时要对水线进行放水冲洗，平时每周放水冲洗 1 次。

4.饮水消毒

定期在饮水中添加一些消毒药物，可有效杀灭饮水中的微生物及鸡消化道内的微生物，这是保持鸡群健康的重要措施之一。水在加入饮水器或水槽前10分将消毒药按比例加入混匀，若加药过早则药物分解后失去杀（抑）菌作用。用于饮水消毒的药物应没有刺激性、腐蚀性及明显的异味。

（六）产蛋期种乌骨鸡的喂饲管理

1.产蛋期的饲料

新鸡转入成年鸡舍后在21～22周龄开始使用过渡饲料，也可将育成前期料与产蛋期饲料混合使用，在28周龄前后产蛋率达20%左右时转换为产蛋前期料，在50周龄前后换为产蛋后期料。过渡饲料中的蛋白质含量为16%左右、钙含量约为2.3%，产蛋前期饲料中的蛋白质含量为17%左右、钙含量约为3.5%，产蛋后期饲料中的蛋白质含量为16.5%左右、钙含量约为3.5%。

产蛋期间饲料要相对稳定，不能经常调换饲料配方或主要原料，换料应有5～7天的过渡期，以使乌骨鸡的消化系统能够很好地适应。

产蛋乌骨鸡饲料的质量必须保证，发霉变质的饲料和原料不能使用，存放时间过长的饲料、原料和添加剂也不能用。

2.喂饲方法

产蛋期间尤其是45周龄以前应保证鸡群充分采食，只有摄入足够的营养才能保证高的产蛋率。

喂饲次数和时间：一般在产蛋期间每天喂饲3次，第一次喂料应在早上开灯后2小时内进行，最后一次喂料则应在晚上关灯前3～4小时进行，中午前后可喂1次。第一次喂料时间安排在上午8点以前，晚了会影响鸡群产蛋；最后一次喂料要保证关灯之前鸡能够把料槽内的饲料吃干净，如果夜间料槽内有剩余饲料则容易招引老鼠，而且饲料中营养成分容易分解甚至出现发霉变质。

3.均匀采食

喂料时尽可能使料槽中饲料投放均匀，每次喂料后约20分要匀料1次。下次喂料前要检查上次喂料后的采食情况，若槽内局部有饲料堆积则应检查该处鸡数量、鸡的精神状态及笼具有无变形。若没发现问题则应将该处饲料匀到他处让鸡采食。

4. 饲料形态

对于产蛋期的种乌骨鸡一般都喂以干粉料，只有在喂料后约1小时发现料槽内仍有少量碎粉料时才考虑用少量水将其拌湿以刺激采食。

饲料的颜色、气味、颗粒大小都会影响鸡采食，要尽可能保持稳定。

5. 青绿饲料使用

笼养鸡可将青绿饲料（如嫩草、青菜、胡萝卜等）切碎后加入料槽内让鸡采食，但是这必须在青年鸡阶段就开始训练。散养鸡可把青饲料放在小筐内让其啄食，一般在半上午或半下午使用。

6. 做好喂料记录

包括喂用饲料的类型、生产单位和日期、当天总喂量、当日平均采食量等。

7. "净槽"管理

"净槽"是指每天应保证鸡将料槽内的饲料吃干净1次，使料槽内空一定时间，然后再进行下次的喂料。

种乌骨鸡体型和体重小，采食量也较小，因此在生产中为了让其多采食，有很多种鸡场采用自由采食的喂料方式，使料槽中不断料以保证鸡随时采食。但是这种做法是不科学的，表现在以下3个方面：

(1)不利于刺激采食　料槽中始终积存有一定量的饲料时乌骨鸡的采食积极性不高，一天内总的吃料量并不多。若一天中料槽空一定时间使鸡有一点饥饿感，当下次喂料后乌骨鸡会积极采食，一天的总耗料量也会增加。

(2)不利于营养的平衡摄入　乌骨鸡有挑食的习性，每次喂料后鸡总是先挑食较大的饲料颗粒，而碎粉状料则剩在料槽的底部。若经常保持槽内不断料则槽底的碎粉状料始终不会被乌骨鸡采食，这样就造成喂饲全价料，但营养摄入不平衡，影响种乌骨鸡生产性能和

种蛋质量。若采用“净槽”措施则可使鸡把当天喂给的饲料全吃完，可保证营养摄入的平衡。

(3)不利于保持饲料质量　鸡舍内的温度和湿度都比较高，料槽中若长期积存饲料则易造成这部分饲料中所含营养成分的氧化、分解，降低营养价值。此外，在微生物的作用下，这些饲料还容易发霉变质、板结。发霉的饲料乌骨鸡不愿采食，即使采食后也会损害肝脏功能。

采用“净槽”措施就可消除这一问题的出现。

(七)平养成年种乌骨鸡的管理要点

1. 保持适宜的群量和饲养密度群量

将鸡舍分隔成若干部分，每个部分为一个独立的小圈，面积为100～150 米^2，以每小圈饲养种鸡 300～500 只为宜，按照舍内面积计算饲养密度为 4～7 只/米^2。带有室外运动场的鸡舍其饲养密度可以达到 6～7 只/米^2。

2. 增加室外运动

平养方式一般都附设有室外运动场，每天应该让鸡群到运动场上活动一段时间，晒晒太阳，这样有利于增强种乌骨鸡的体质。冬季应在无风晴天且温度较高时将鸡群放到运动场上，夏季运动场周围应有良好的遮阳措施，如种植阔叶乔木或搭设遮阴棚等。雨雪天气应待运动场地面稍为干燥后再让鸡群到运动场活动。冬季也可以选择无风、较为温暖的天气让鸡群到运动场活动。

运动场的边缘应砌一个深约 15 厘米、宽约 40 厘米、长约 1.5 米的池子，里面放入干净的河沙(沙粒约为绿豆样大小)，让鸡进行沙浴及食用沙粒。

3. 保持地面卫生

白天将鸡群放运动场后应及时清理、消毒舍内地面，而早上放鸡前应先清扫、消毒运动场。

4. 补饲青绿饲料

在春、夏、秋季节可利用野草、牧草、菜叶，冬季可用胡萝卜、瓜类进行补饲，将其切碎拌入饲料或直接放在运动场上让其啄食。青绿饲料用量以占当日配合饲料重量的15%～20%为宜。青绿饲料不宜长时期喂用单一的品种，最好是多种搭配使用。

5. 保持蛋壳清洁

要求每天上午、下午各捡蛋两次，尽量减少蛋在舍内的停留时间。减少窝外蛋，其措施是保持窝内垫料的干净柔软，及时将占窝的抱窝鸡隔离出来，也可在窝内放一乒乓球作引蛋，诱使母鸡进窝产蛋。发现蹲于窝外产蛋的乌骨鸡要尽量将其抱至窝内。保持舍内垫草的干净、干燥。

6. 定期驱虫

地面散养的鸡群多数有肠道寄生虫，如球虫、蛔虫、绦虫等，驱虫药物及方法在后面相关部分内容。药物于当天傍晚加入料中喂饲，第二天上午将鸡群放入运动场后将粪便及垫料清出，堆积发酵。

(八)提高平养种乌骨鸡的种蛋受精率

在不少小规模的种乌骨鸡场采用地面散养方式，让鸡群进行自然交配。在这种饲养方式条件下提高种蛋受精率的措施：

1. 选好种公鸡

在24周龄时选留那些外貌特征符合乌骨鸡品种特征要求、鸡冠较大、尾羽完整、体格健壮、活泼好动的公鸡作为种公鸡，这样的公鸡配种能力比较强。选种时注意观察后腹部羽毛是否有粪便黏附，粪便的颜色和性状是否正常，有无精神状态不好等，以从外观方面排除有病个体。

2. 群量大小适当

平养成年乌骨鸡每群的饲养量以300～500只为宜，群量太大则影响生产水平，群量太小则管理较麻烦。

3. 公、母鸡配比适当

丝羽乌骨鸡公鸡的配种能力略差，一般情况下每只公鸡负担8～10只母鸡的配种任务；一些常羽(片羽)乌骨鸡品种的公鸡配种能力较强，每只公鸡负担10～13只母鸡的配种任务。公鸡过多则出现争配和争斗，无助于受精率的提高；公鸡过少则配种负担过重，受精率偏低。

4. 公鸡的年龄

对于当年的种乌骨鸡要求公、母鸡应是相同批次的鸡。若是经过强制换羽后的种母鸡则需要用当年的新公鸡配种。经换羽处理后的种公鸡可挑选少量优秀的个体留用，但应集中于某一小群或几小群，不与新公鸡在同一群内。

5. 公鸡的更替

在乌骨鸡育成后期留作后备的公鸡要比实际需要量多出来10%～15%，多出来这些主要是考虑性成熟后有的个体不符合要求被淘汰，有的要用于在种鸡群繁殖过程中替换不宜继续作种用的个体。生产过程中一旦发现公鸡发病或消瘦或腿跛行的情况，应及时将其挑出并补入新公鸡。

6. 保持合适的饲养密度

种乌骨鸡在平养条件下合适的饲养密度为4～7只/米²。体型大的比体型小的饲养密度应小些，没有室外运动场的比有室外运动场的饲养密度要小些。以丝羽乌骨鸡为例，如果种鸡舍附带有室外运动场(室外运动场面积一般不小于室内面积的1.5倍)，其饲养密度可以为7只/米²，如果没有室外运动场饲养密度应为5只/米²。

7. 保持地面干燥

如果地面潮湿或泥泞则容易使种鸡羽毛脏污，也影响交配时鸡体的稳定性，影响配种效果。

另外，应剪去公鸡肛门周围羽毛，以利于交配活动的进行。

(九)减少平养种鸡的窝外蛋

窝外蛋是指种乌骨鸡将蛋产在产蛋窝之外，窝外蛋会降低种蛋的质量：一方面可能会造成种蛋被鸡踩破，二是增加种蛋被污染的可能性，三是可能会出现蛋被埋在垫草中而放置时间过长，四是增加了额外工作量。减少窝外蛋的措施：

1. 要熟悉母鸡的行为

母鸡产蛋时输卵管外翻，这使它们特别易于受到攻击。所以，它们必须选择在一个它们自身和种蛋免受攻击的地方产蛋。如果产蛋箱不舒适、母鸡认为不安全或位置不足，一部分母鸡就可能选择在鸡舍内别的地方产蛋，如在喂料器和饮水器下、靠墙边或棚架上等。母鸡一旦养成这种习惯将很难根除，并且其他母鸡还会模仿。因此，要为母鸡提供数量充足的、设计合理的、放置位置恰当的产蛋箱。

公鸡能影响母鸡的产蛋行为，比如在开产时，公鸡经常有侵略性行为。根据产蛋箱的不同位置和方向，公鸡常干扰母鸡进入产蛋箱。因此，仔细观察鸡群的行为很重要，如有必要可减少公鸡的数量。

2. 产蛋箱的数量要足够

通常，应为每 4 只母鸡配备一个人工的个体产蛋窝，产蛋窝不足常常会造成母鸡争窝而将蛋产在窝外。尤其是在上午 9～12 点是鸡群产蛋最集中的时间，如果产蛋窝不足就会出现争窝现象，无法进入产蛋窝的待产母鸡就可能在外产蛋。

3. 产蛋箱的设计要合理

常有两种类型的产蛋箱：加入秸秆、刨花和稻壳的、人工收集种蛋的个体产蛋箱和配备自动传送带集蛋的共用自动产蛋箱。产蛋箱常见的是 2 层，在底层排二根厚木条，上层排一根厚木条，上下层的栖息条必须相隔一定的距离以使让母鸡能上下跳跃。在育成期在鸡舍内放置必要的栖息设备能更好地训练母鸡的栖息和跳跃行为。

产蛋箱的高度、宽度和深度设计要考虑母鸡的体格大小，能让母鸡卧进去之后感到稍微宽松而又不能空隙过大，免得另一只母鸡向里挤。

建议为人工产蛋箱配备关闭装置，在下午 6 点以后将产蛋箱的门关闭，这样可避免产蛋箱在夜间受到鸡粪污染；第二天早晨再将产蛋箱的门打开。

4. 鸡舍内产蛋箱的摆放位置恰当

在选择摆放产蛋箱的位置时，应考虑母鸡产蛋时的舒适性和安全感。避免把产蛋箱置于较冷的墙边、通风处和光照强的地方，同时应保证母鸡上下栖息条和进出产蛋箱的方便。对于母鸡而言产蛋箱的合适位置是在光线稍弱、其他干扰较少的地方。

地面垫料平养或网上平养鸡舍的产蛋箱放在离喂料和饮水设备稍远、光线不能直射的地方，多数靠墙摆放；使用两高一低饲养方式，

产蛋箱的1/3放在网床上，2/3悬空在中间的垫料地面上，悬空的一端用铁丝吊挂在屋梁上。

如使用共用的自动集蛋产蛋箱，产蛋箱应放在木架上，而不是垫料上；当地面蛋的比例较高时，可将产蛋箱直接在垫料上放置数周，然后再恢复正常的高度。

当向成年鸡舍转群时，地面垫料不宜放置太厚(母鸡会认为这种厚垫料区更适合产蛋)，这样可以减少地面蛋。

5. 产蛋箱内的材料要合适

对母鸡有吸引力的产蛋箱垫料是诱使母鸡进入产蛋箱产蛋的一项重要因素。避免采用比地面垫料差的材料，否则有更多的鸡愿意在窝外产蛋。作为垫料，切断的麦秸比刨花好，最好不用干草，在自动产蛋箱内使用塑料垫子，效果也不错。在塑料垫子和收集种蛋的传送带之间应有足够的空间让鸡粪干燥后脱落。

在鸡群即将开产前开放产蛋箱和添加填充材料，能充分发掘母鸡在此生理期间活跃的探究心理。这种变化与活动将更加激发母鸡在此关键时期对产蛋箱的好奇心。刚开始时，产蛋箱内留置一部分鸡蛋有助于更多的母鸡在产蛋箱内产蛋，使用假鸡蛋也可以诱使鸡进窝产蛋。一次性在产蛋箱内加入太多材料不可取，应定期补充。窝内的垫料需要及时更换，以保持其清洁、干燥、松软。

6. 合理安排喂料时间

在安排鸡群喂料时间的时候必须考虑能让母鸡产蛋前采食和饮水，不要让母鸡采食的时间和产蛋的时间冲突。管理不当或设备不足可导致母鸡在安排采食、饮水、产蛋等各项活动时在时间上产生冲突，从而导致地面蛋增多。当限水太严或水位太低时，鸡群在水源周围相互拥挤浪费时间，并耽搁部分母鸡及时进入产蛋箱产蛋。同样，必须让母鸡在早上有一定的采食时间，吃饱后产蛋。实际操作时，常在开灯30～60分后开始投料。开灯后5～6小时喂料也行，此时大部分的母鸡已经完成产蛋。

7. 收集窝外蛋

刚开产时，频繁地收集窝外蛋很重要，从上午8点到下午6点每小时捡收一次，否则其他母鸡就会接着在原地产蛋。在此期间，饲养员注意观察产窝外蛋的母鸡，并把它们抓回产蛋箱里产蛋。这些动作应尽可能的平和，不要打扰已在产蛋箱内的母鸡。

(十)提高笼养种公鸡的精液质量

笼养种乌骨鸡一般需要采用人工授精，其中种公鸡的精液质量是影响种蛋受精率的重要因素。因此，笼养种乌鸡要把提高种公鸡的精液质量作为一项重要的生产内容。

1. 选留优秀的公鸡

精液质量在个体间存在较大的差异，如有的公鸡每次采精量能够达到 0.7 毫升，而有的仅有 0.2 毫升，精液浓度也有差异。因此，在 24 周龄前后选择时不仅要考虑体型外貌，还要看采精训练时公鸡的精液质量。

2. 笼具要合适

种公鸡要使用专用的公鸡笼，其空间比母鸡笼要大，前网栅距也应较宽。这样有利于其采食、饮水和活动，有助于保持其羽毛的完整性。每只公鸡应占 1 个小单笼，不应将多只公鸡养在 1 个单笼内，以免影响精液质量。

3. 饲料营养要合理

种公鸡要喂饲专门的种公鸡料，如果使用母鸡饲料会显得钙含量过高、维生素含量不足。公鸡饲料中尽可能不用棉仁粕，少用菜籽粕，以减少其中的饲料毒素对公鸡精液质量的影响。发霉变质的饲料和饲料原料不能使用，这样的饲料不仅影响营养的吸收，也会影响种公鸡的健康。生产中应设法保证公鸡每天采食量不少于母鸡平均采食量。

4. 保持公鸡的健康

健康是保证良好精液质量的基础。要求平时要搞好卫生防疫管理工作，对有病的公鸡应及时淘汰。

5. 提供适宜的生活环境

繁殖期间种公鸡适宜的环境温度为 13～25℃，光照为每天 14～16 小时，相对湿度为 50%～70%。要求鸡舍内通风良好，无明显的异常气味。

6.慎用某些药物

常用的药物中有些抗生素，如：新霉素、红霉素、庆大霉素等都可能引起精液质量下降；西咪替丁、柳氮磺胺嘧啶、可卡因、烟碱等可损害精子生成；利血平是抗应激药物，也会影响精子生成；磺胺类药物会使公鸡采食明显减少，对精子生成过程也有影响。

（十一）提高笼养乌骨鸡种蛋的受精率

笼养种乌鸡采用人工授精，其种蛋受精率会受很多因素的影响。提高笼养乌骨鸡种蛋的受精率的主要措施有：

1.操作人员素质要好

要求操作人员要具备良好的专业技能和高度的责任心，这样才能减少生产中问题的出现。

2.保证种乌骨鸡健康

通过加强日常管理和卫生防疫以预防疾病的发生。无论有什么疾病发生都可能会影响到种蛋受精率。

3.保持种乌骨鸡良好的体况

优秀的种乌骨鸡既不能过肥（营养过剩），也不能过瘦（营养不良）。否则，其产蛋量和受精率都会下降。体况主要通过饲料营养水平的调控和饲喂量的调整来控制。

4.提高种公鸡精液质量

按照前述要求，从种鸡选留、饲养管理、卫生防疫、保健、使用的笼具等方面着手，保证种公鸡良好的精液质量。

5.输精操作要规范

输精的时间、间隔、输精剂量和深度都要按照相关要求进行，精液采出后必须在半小时内完成输精。

6.防止漏输

同一品种类型的种乌骨鸡其体型外貌比较相似，每个单笼内通常饲养 3 只母鸡，输精时必须记住每个单笼内某只鸡的特征才能减少漏输问题。在输精过程中每次输完一管精液再去采精的时候都应做好标记。

7. 不要输入空气

有时吸取精液时对滴管的胶头挤压用力不准，会在滴管前端吸入少量空气，若输精时将空气输入则常在输卵管口处冒出气泡而将精液带出。

8. 保持舍内适宜的温度

夏季尽量使舍温不超过 30℃，冬季不低于 10℃。温度过高或过低都会降低种蛋的受精率。

(十二)笼养种乌骨鸡的种蛋收集

1. 捡蛋时间和次数

对于种乌骨鸡生产而言每天应捡蛋 4 次。一般在上午 10 点、12 点、下午 2 点、傍晚 6 点各捡 1 次。勤捡蛋可以减少蛋的污染和破损，对于平养乌骨鸡还可减少就巢。

2. 不合格蛋单独放置

捡蛋时将合格种蛋与不合格种蛋（过大、过小、破裂、畸形、过脏）分开放置，以免好蛋受污染，也可省去捡蛋后的再次分拣。

3. 大小分放

种乌骨鸡繁殖期所产蛋的大小有较大的差异，大于 38 克、小于 55 克者均可作种蛋（在不同的品种之间标准蛋重会存在差异，需要以该品种的标准蛋重为依据）。按大小分放对于以后的孵化管理是很有利的。

4. 及时消毒

每次收集种蛋后都要放在专用的消毒柜（箱）内熏蒸消毒（按柜内容积 1 米^3 用福尔马林 30 毫升、高锰酸钾 15 克熏蒸 30 分），以及时杀灭蛋壳表面的微生物。

5. 种蛋存放

种蛋收集消毒后应及时转入蛋库存放，不能在鸡舍内存放过夜。由于鸡舍内的温度高、粉尘和有害气体含量高、空气中微生物的浓度大，鸡蛋在鸡舍内存放时间越长其污染会越严重。

(十三)就巢乌骨鸡的醒抱

就巢（抱窝）性强是乌骨鸡的生物学特性之一，一般情况下产蛋期的乌骨鸡群内经常可见到有5%～10%的乌骨鸡表现有就巢行为。有些成年乌骨鸡每年有2～5次就巢表现，每次持续7～30天。采用地面垫料平养方式的乌骨鸡比网上平养或笼养的乌骨鸡更容易出现就巢。母鸡就巢期间及就巢行为解除后约10天不产蛋。因此，就巢性强是乌骨鸡产蛋率偏低的重要原因之一。

乌骨鸡发生就巢的根本原因是体内促乳素的合成量高，有人通过测定发现处于就巢阶段母鸡血液中促乳素的含量是正常产蛋母鸡的3～5倍。环境温度适宜(中午前后能够达到20℃左右)、产蛋窝内垫料松软而且有鸡蛋积存都是引起就巢的重要诱因。

笼养种乌骨鸡就巢表现为站卧不宁、毛松乱、鸡冠变软变薄而且不温润，输精时翻不开泄殖腔；平养种乌骨鸡就巢表现为喜欢伏卧在产蛋窝内，即便抓出来它也会重新跑回去。因此，只要注意观察乌骨鸡的行为表现就能够从大群中识别出就巢的个体。

当乌骨鸡发生就巢时可以采用下面几种措施中的任意一种：

1. 注射雄激素

每天肌内注射1次丙酸睾丸素注射液(0.25～0.30毫克/次)，连续2天。

2. 注射黄体酮

每天肌内注射1次，每次50毫克，连续2天。

3. 喂服醒抱灵

每天每只乌骨鸡喂服2片，连用2天。

4. 服阿司匹林

每天每只乌骨鸡喂服0.5片，连喂3天。

5. 服盐酸喹宁片

每只乌骨鸡每天喂服0.12～0.24克(1～2片)，连喂2～3天。

6. 肌内注射硫酸铜

使用2%硫酸铜溶液，每只鸡每天胸肌注射1毫升，连续3次。

7. 服安乃近

每只乌骨鸡每天服0.5片(0.25克)，连服3天。

8. 强光照刺激

将就巢乌骨鸡置于一单间的笼内，在笼顶上 70～100 厘米处装一个 100 瓦的灯泡，每天 20 小时的强光照明，连续 4 天即可。

9. 浸水法

将就巢乌骨鸡放于笼或筐内，将其浸入水中，水深约 5 厘米，并将全身羽毛淋湿使其不能蹲伏，经 4～5 天处理即可。

上述措施均有一定的效果，关键在于及早发现就巢鸡，及早取出进行醒抱处理。若已经就巢多日才发现，其处理效果往往不理想。

(十四)产蛋期种乌骨鸡的日常管理工作

饲养种乌骨鸡必须细心，及时发现和解决生产中发生或存在的各种问题才能保证其健康高产。

1. 观察乌骨鸡的精神状态

每次喂料后和捡蛋时注意观察乌骨鸡的表现，发现低头缩颈、眼睛半闭、羽毛松乱、双翅下垂或伏卧在地的应及时检查。若疑似病鸡应及时隔离、检查和治疗，若是抱窝鸡则应隔离处理以中止其抱窝行为。

2. 观察粪便

正常乌骨鸡的粪便为灰褐色弯曲的柱状，上面有一些灰白色物质(尿酸盐)，偶尔有少量褐色糊状粪便(盲肠粪)。若粪便过稀、颜色发绿或呈灰黄色或红黄色则应注意检查分析其中原因，因为这种变化多与疾病有关。

3. 听呼吸声音

晚上关灯后可站在舍内或立于窗外仔细倾听舍内有无“呼噜”声或喷嚏声。尤其是在深秋至翌年仲春季节，呼吸系统疾病发生较多，此期更应注意有无呼吸困难的表现。

4. 检查各种设备的完好情况

每天在设备使用期间进行检查，如风机是否运转、有无杂音和异味，灯泡有无损坏，笼具有无破损或笼门有无丢失，水槽是否平直、有无漏水，料槽是否漏料，笼网是否影响乌骨鸡的采食和饮水。

5. 搞好卫生管理工作

清扫杂物、带鸡消毒、清理料槽（桶）和水槽。

6. 防止惊群

惊群对乌骨鸡的生产和健康都有明显的不良影响。陌生人的进入、异常的响声、其他动物的进入都会引起惊群。

7. 搞好记录

要设计专门的记录表格，记录内容包括：日期、当日存栏乌骨鸡、死亡淘汰数、总耗料量与平均耗料量、产蛋量与种蛋合格率、环境因素、卫生防疫及用药情况及其他意外情况等。

记录的目的在于衡量生产管理水平的高低，及时发现问题、查找原因。

(十五)种乌骨鸡群的季节性管理要求

中原地区一年四季气候分明，各个季节的温度与变化、风力与风向、自然光照时间、雨雪数量等各不相同。这些外界环境条件会很大程度上影响鸡舍内环境，进而影响到鸡群的健康和生产性能。因此，要根据各个季节的气候特点在饲养管理和卫生防疫方面采取相应的调控措施，为鸡群提供一个相对适宜的生活和生产环境，保证鸡群的健康和高产。

1. 春季产蛋乌骨鸡群的管理

首先春季的气候特点是处于冬季风向夏季风转换的过渡季节，气温迅速回升、乍寒乍暖。具体表现一是气温变化幅度大，春天也是一年中天气变化幅度最大的时期，是气温乍暖还寒和冷暖骤变的时期。春季一天中的气温差异最大，有时一天内最高和最低气温的差异能够达到 15℃以上。所以，要春季要及时收听天气预报，注意天气变化，适时采取调整措施。二是空气干燥多大风，春季正处于大气环流调整期，冷暖空气活动频繁。除了气温变化幅度大之外，空气干燥并多大风天气也是另一特点。一次大风天气的到来，带来了冷空气，气温下降，同时降低了空气湿度。容易引起感冒、呼吸道病等病症。三是多沙尘天气，春季随着气温的回升，若前段时间降水偏少，地面干燥，当大风来临时，极易出现沙尘天气。沙尘天气发生的结果

就是大气中各种悬浮颗粒急剧增多，可吸入颗粒物浓度也急剧升高，从而导致空气质量下降。

春季随着温度的变暖、自然光照时间的逐渐延长，野生禽类开始进入繁殖期，对于乌骨鸡来说也是进入产蛋率升高的季节，同时也是就巢发生较多的时期；春季也是微生物繁殖的活跃时期，给传染病的防治也带来很大压力。在鸡群的管理上应采取以下措施：

（1）注意保暖　春季气温虽然逐渐回升，但是有较多的时候依然是寒冷多变，不是适宜于鸡群产蛋的适宜温度，给养鸡生产带来许多不便，特别是低温对产蛋乌骨鸡的影响十分明显。因此，一般情况下，可采取关闭部分门窗，加挂草帘，降低通风量，饮用温水和火炉取暖等方式进行御寒保温，使鸡舍温度最低维持在 8℃以上。

（2）合理组织通风　春季由于气温较低，从保温较多出发常常使鸡舍门窗关闭较严，通风量减少，使鸡舍温度维持在稍高的水平。然而，由于通风量减少，鸡群排出的废气和鸡粪发酵产生的氨气、二氧化碳、硫化氢等有害气体容易积聚在鸡舍中，易诱发鸡的呼吸道等疾病。因此，冬春养鸡要切实处理好通风与保暖的关系，及时清除鸡舍内的粪便和杂物，保证鸡舍空气清新。在中午天气较好时，应开窗通风，使舍内空气清新，氧气充足，防患于未然。但通风时千万注意，不要使冷风直接吹在鸡体上，以防止鸡患感冒。

（3）防止潮湿　冬、春季鸡舍内通风量小，水分蒸发量减少，再加之舍内的热空气接触到冰冷的屋顶和墙壁会凝结成大量水珠，造成鸡舍内过度潮湿，给细菌和寄生虫的大量繁殖创造了条件。因此，冬、春季一定要强化管理，注意保持鸡舍内的清洁和干燥，及时维修损坏的水槽，加水时切忌过多过满，严禁向舍内地面泼水等。

（4）做好消毒管理　消毒工作应贯穿整个养鸡的全过程。冬、春季气温较低，细菌的活动频率下降。但冬、春季气候寒冷，鸡的抵抗力普遍减弱。如果忽视消毒，极易导致疾病暴发流行，造成惨重损失。因此，冬、春季必须做好消毒工作，定期进行消毒。

（5）保证光照时间　春季昼短夜长，产蛋乌骨鸡群常因光照不足而引起产蛋率下降。为了克服这一自然缺陷，可采用人工补充光照

的方式进行弥补。每天光照的总时间要维持为16小时。要根据日出日落的时间变化调整开灯和关灯时间。

(6)搞好卫生防疫　春季鸡的抵抗力较低,要特别注意搞好防疫防病工作,定期进行预防接种。根据实际情况,可定期有针对性地投喂一些预防性药物,适当增加饲料中维生素和微量元素的含量,增强鸡的体质,提高鸡群对疾病的预防能力和生产能力,提高养殖效益。

(7)室外运动管理　如果采用平养方式,可以在无风或风力小、天气晴朗、外界温度较高(不低于7℃)的情况下让鸡群到室外运动场活动,一般可以选择在上午10点以后到下午4点以前。鸡群出舍前要先打开部分窗户,经过半小时左右再让鸡群外出,以免舍内外温差大造成鸡体的不适应。如果遇到天气发生变化(刮风、下雨、降温等)要及时让鸡群回到鸡舍内。

(8)防止风沙的影响　春季有的地方风沙较大,要注意在鸡舍的门窗外面加设细纱网或悬挂草帘遮挡风沙。

(9)及时发现和处理就巢鸡　春季乌骨鸡容易发生就巢,在日常管理中需要经常观察,发现就巢的个体及时隔离并进行醒抱处理。

(10)补充青绿饲料　春季青菜野草已经萌发,每天可以喂给鸡群适量的青菜、牧草等,青绿饲料可以促进鸡的胃肠蠕动,也能够补充一些必需的营养素。

2.夏季产蛋乌鸡群的管理

夏季的气候特点炎热多雨,盛行温暖、湿润的偏南夏季风,气温高,降水多。在有些时候夜间的最低气温超过25℃、白天超过33℃,如果鸡舍保温隔热条件不好,舍内温度常常会超过室外温度。夏季当舍温超过30℃后(舍内夜间最低温度超过25℃)乌骨鸡群的采食量、产蛋量、蛋壳质量、种蛋受精率和孵化率都会下降。

夏季高温情况下鸡容易出现营养缺乏,其原因主要是:采食减少是导致营养摄入不足的关键,营养摄入不足,鸡体用于生产(产蛋、增重)的营养素不能够满足需要,无疑会导致生产性能下降。营养摄入减少,对于某些维持正常生理活动所必需的一些营养成分也可能会显得缺乏,鸡体生理的健康状态就无法保证。高温应激造成某些营养需要量的增高，在应激状态下鸡体对某些营养成分的需要量会明显增加，尤其是维生素；正常情况下鸡体内能够合成足量的维生素C，但是在热应激情况下其体内的合成量明显减少，而对维生素C需要量则显著增加。许多实验都已经表明在高温情况下添加适量的维生素C对于提高产蛋量、蛋壳质量，降低死淘率等均有良好效果。高温会导致鸡消化机能的减弱：一是高温情况下鸡的消化道蠕动缓慢、无力，对饲料的研磨和破碎能力减弱；二是高温影响食物的化学消化，高温情况下鸡的饮水量增高，冲淡消化液，使消化酶的消化作用减弱。高温也不利于营养吸收：一是食物在消化道内存留时间缩短，高温期间由于饮水量的增加，食糜在消化道内的停留时间缩短，许多营养素在来不及充分吸收的情况下就随粪便排出体外；二是高温时鸡的饮水量增加，肠道内容物被稀释，营养素的浓度降低并与毛细血管内血液中这种营养素的浓度差变小，不利于某些营养素的吸收。同时，高温情况下鸡的粪便变稀，排粪次数和量也比常温时明显增加。高温环境中还会造成饲料营养成分的损失，在饲料存放过程中其中的某些营养素会氧化、分解而失去其营养价值，其氧化分解的速度与环境温度和相对湿度的高低成正比；据有关资料报道，配合饲料在20℃环境中存放21天，其中的维生素E约损失20%，如果30℃环境中存放同样时间则其中的维生素E损失量约为60%；置放在料槽中的饲料在高温高湿条件下很容易结块，结块的出现将会使其中营养素大幅度损失。肠道疾病也有效营养的消化吸收，夏季的高温环境容易导致肠道炎症的发生，尤其是大肠杆菌病在夏季的发生明显增多，肠炎出现后会妨碍营养素的吸收；高温季节也是寄生虫病发生的重要时期，体内寄生虫会使机体的营养消耗增加。

为减轻夏季高温对鸡群健康和生产所造成的不良影响，在乌骨鸡群管理上应考虑采取下列措施：

（1）设法提高采食量　高温期间鸡食欲减退、采食量往往只有正常的85%左右。采食减少是影响其产蛋的主要因素。因此，可以考虑通过调整喂料时间、次数和形式以刺激其增加采食量。有些鸡场在夜间1点前后开灯1小时，让鸡群采食饮水，这不仅能够提高采食量，也能够有效减少因为中暑造成的鸡死亡数量。目前，也有鸡场在夏季给鸡群喂饲颗粒饲料以增加营养的摄入量。

（2）调整饲料营养水平　夏季饲料中必需氨基酸、能量和有效磷及复合维生素的用量应适当增加。

（3）加强通风　鸡舍内有较快的气流速度能够有效缓解热应激，一般要求舍内风速应达到 1 米/秒。

（4）加强屋顶的遮阳与隔热　通过在鸡舍周围种高大树木或在屋顶铺设稻草或其他秸秆、架设遮阳网等，以减少阳光对房顶的直晒。也可在屋顶洒水，通过水的蒸发降低屋顶温度。

（5）舍内喷水　中午前后当鸡表现出明显的张口喘气时可用喷雾器将凉水喷向乌骨鸡的头部以紧急降温。

（6）使用湿帘降温纵向通风系统　当鸡舍密闭条件较好的情况下使用该系统能够使进入鸡舍的温度下降 4～6℃，对于缓解热应激有显著效果。

（7）消灭蚊、蝇　夏季鸡场内蚊子、苍蝇比较多，它们不仅骚扰鸡群还会传播疾病。因此，要提早做好控制蚊、蝇的工作。

（8）使用抗热应激添加物　夏季在饲料中加入 0.5％的碳酸氢钠（小苏打）并取代 0.15％的食盐，加入 0.03％的维生素 C，每天饮用 1 次补液盐等，都有助于缓解热应激。

（9）降低饮水温度　使用深井水或可在水中放置冰块，防止太阳暴晒水箱和水管，经常更换饮水设备中的水都有助于缓解热应激。上午 9 点以后到下午 5 点之间每间隔 2 小时把乳头式饮水系统末端的放水阀打开，将水线中温度较高的水放掉一次。

（10）及时清粪　及时清理粪便可以减少粪便中水分在鸡舍内的蒸发，有利于控制鸡舍内的空气湿度。鸡舍湿度高在夏季会加重热应激，而夏季由于鸡饮水增加，粪便常常变稀，这也是湿度升高的重要因素之一。

（11）散养乌骨鸡群管理　散养鸡群可将通往运动场的门打开，并在运动场上设置料桶和饮水器，让部分鸡到运动场上活动、休息，降低舍内密度，中午前后喂饲一些青绿饲料，舍内垫料应经常更换。

3.秋季产蛋乌鸡群的管理

秋季为夏季风向冬季风转换的过渡季节，气温迅速下降，降水减少。立秋后太阳直射点逐渐移向南半球，北半球白天渐短，夜晚渐长。秋季是极地冷气团南下与热带海洋暖气团交替过渡的阶段，多出现秋雨。一场秋风过后必有一场秋雨，气温大幅度下降。秋季产蛋期的种乌骨鸡群在管理上要注意：

(1)关注气温变化　进入秋季，昼夜温差增大，要注意合理调节温度，尽量减少因外界气温突然变化而对母鸡的影响；深秋时节气温明显下降，开放式鸡舍要做好防寒保温工作，气温低时关闭窗户，严防凉风侵袭。

(2)降低鸡舍湿度　秋季雨水多，湿度大，舍内空气潮湿、污浊，各种病原微生物易生长繁殖，诱发呼吸道及肠道传染病，应该在中午温度较高时通风换气，以防湿度过大，同时防饲料霉变。

(3)及时补充光照　秋季日照渐短，早晨日出时间后延、傍晚日落时间提前，需要及时补充人工光照，维持自然光照与人工光照总和为16小时。

(4)淘汰低产鸡　根据春、夏两季的产蛋情况，及时将鸡群中的低产鸡、停产鸡、体弱鸡、软脚鸡以及有严重恶癖、产蛋期短、体重不标准(过大或过小)、有病但无治疗价值的鸡淘汰掉，以降低饲养成本，提高生产效益。

(5)严格防疫措施　蛋鸡经过一个产蛋盛期，到秋末时体质变差，易发生传染病，因而必须加强防疫措施。重点做好鸡新城疫、慢性呼吸道病、传染性鼻炎、传染性喉气管炎和禽流感的免疫工作。为了降低对蛋鸡产蛋的影响，可在接种疫苗的2～10天，适当增加日粮多种维生素的含量，以每100千克日粮中添加禽用多种维生素15～20克，尤其注意额外添加维生素C和维生素E，以增加机体的抵抗力，降低各种应激因素的影响。要注意观察鸡群表现，这个季节是白冠病、禽霍乱发生较多的时期。

(6)就巢个体的处理　秋季也是乌骨鸡出现就巢现象的较多季节，要注意观察、及时隔离和进行醒抱处理。

(7)降低气候变化对鸡群的影响　对于采用平养方式的种乌骨鸡群，上午让其到运动场活动的时间要结合天气情况适当调整，晚放鸡、早收鸡。如果出现大风或降雨天气不能让鸡群到室外活动。

(8)适时驱虫　对于平养鸡群，尤其是在室外地面活动的鸡群，秋季是蛋鸡驱虫的合适时期，可在每千克饲料或饮水中加入盐酸左旋咪唑 20 克，让鸡自由采食或饮用，每天 1～2 次，连喂 3～5 天，或每千克体重用驱蛔灵 0.2～0.25 克，拌在料内或直接投喂。驱虫期间要及时清除鸡粪，同时对鸡舍、用具等进行彻底消毒。

4.冬季产蛋乌鸡群的管理

冬季的气候特点是寒冷，北风较多，由此带来的问题是由于限制通风而造成舍内有害气体含量偏高。在生产管理上应考虑采取以下几方面的措施：

(1)做好防寒保温工作　进入秋季之后就应检修门窗，准备挂在北侧窗外的草帘或塑料布，北侧屋檐下的缝隙和地窗应糊严以减少寒风的侵入。必要的情况下应在室内用火炉或其他设施加温，因为乌骨鸡(尤其是丝毛乌骨鸡)自身的保温能力较差。

(2)注意天气变化　冬季每当寒流到来之时气温会急剧降低，若无良好的防寒措施则舍温会迅速下降。突然的降温对乌骨鸡的不良影响很明显。因此，当天气变化时要提前做好防寒保暖工作。

(3)防止间隙风　冬季鸡舍北侧、西侧墙壁及门窗上的缝隙会透过阵阵冷风，这些间隙风(也称为贼风)吹到鸡体后容易造成鸡受凉并继发疾病。

(4)合理安排通风　在每天气温较高的时候应将南侧窗户和北侧部分窗户打开进行通风换气。若用风机进行通风则应在进风口内侧附近设一挡风板，把冷风引向鸡舍的上部，使其与舍内空气混合后再流动到乌骨鸡身体周围。不让冷空气直接吹到鸡体上。

(5)适当提高饲料能量水平　饲料配方中用玉米取代麸皮或添加 1.5%的油脂均可。

(6)饮用温水　对于小规模种乌骨鸡生产者来说，冬季每次喂料后向水槽内添加 30～35℃的温水让乌骨鸡饮用有助于提高乌骨鸡的生产性能。这样做可以减少乌骨鸡体内热量的散失，增加饮水量，提高饲料利用率。

(7)提早开灯时间　将早上开灯时间由平时的6点左右提早到4点半至5点。因为凌晨是气温最低的时候，此时开灯喂料可以让鸡活动、采食，增加产热，缓解寒冷的影响。相应地晚上关灯时间也应提前。

(8)预防呼吸道疾病和鸡虱　冬季由于气温低，舍内有害气体含量高，容易诱发呼吸道疾病(如慢性呼吸道病、传染性喉气管炎、传染性支气管炎、传染性鼻炎等)，应提前进行免疫接种或使用相应的药物预防，并加强消毒管理。

(十六)种乌骨鸡日常生产管理规程

制定日常管理规程有利于饲养人员依序操作，也便于管理人员的监督、检查。下述操作规程是在正常情况下鸡群的管理规程，可供参考，也可根据在实际生产中的具体情况加以调整。

06:00 开灯、喂料。

06:30 饮水器换水(平养)。

07:00 吃饭、休息。

08:00 打扫卫生、消毒。

09:00 擦水槽，平养时打开地窗让乌骨鸡自主选择在舍内或到室外运动场。

10:00 捡蛋。

11:00 喂料、观察乌骨鸡群。

11:30 捡蛋。

12:00 吃饭、休息。

14:00 喂料、捡蛋。

15:00 人工授精。

17:00 清粪、打扫卫生。

18:00 捡蛋、喂料。

18:40 吃饭。

20:00 记录。

21:30 检查窗户。

22:00 关灯。

(十七)种乌骨鸡的强制换羽

第二年的乌骨鸡与第一年乌骨鸡相比虽然产蛋率稍有降低,如果通过强制换羽仍然能够保持较好的产蛋性能。因此,对于60～65周龄期间的种母鸡进行强制换羽后仍可继续利用6～8个月。强制换羽的要求如下:

(1)鸡群的调整　当鸡群到60周龄前后,可根据种蛋供求情况决定何时进行强制换羽。换羽前挑出群内的病弱鸡和公鸡,全群接种新城疫和传染性支气管炎二联油苗、禽流感油苗,疫苗的接种应在断料前7～10天进行。

地面平养的鸡群要将垫料清理干净,防止停饲期间乌骨鸡啄食垫料而造成消化道堵塞或感染。

从全群中随机选择5%～10%的个体或30只进行标记,如果是笼养种鸡则需要将这些标记的个体每个单笼放1只,进行称重并记录。

(2) 停水停料与改变光照程序　如表5-6。

表5-6　乌骨鸡强制换羽的日程

时间(天)	饲料管理	饮水管理	光照管理
1～3	停止喂饲配合饲料,每只乌骨鸡每天喂饲10克贝壳粒(粉)	停止供水	停止补充光照,采用自然光照
4～7	停止喂饲配合饲料	每天上午、下午各供水1小时	停止补充光照,采用自然光照

第八天开始测体重,测定结果与断料前相比,当体重减少20%～23%时即为恢复喂料日(多数鸡群在停料后9～13天)。

(3)恢复喂料　当乌骨鸡体重降低20%～23%时开始恢复喂料,第一天每只鸡喂25克,以后每天每只乌骨鸡递增8克,1周后自由采食。恢复喂料可将育成前期料与产蛋料掺半使用。饮水恢复正常。恢复喂料的最初几天要逐渐增加喂料量，防止直接采用自由采食造成鸡采食过量而影响健康。

恢复自由采食后将光照调至每天 12 小时，以后每周递增 30 分，至日照明时间达 16 小时为止。

当产蛋率恢复至 5%时换用产蛋期饲料。

通常在恢复喂料后第四周产蛋率达 5%～15%，以后逐渐增加，约在第九周达到产蛋高峰。

其他强制换羽方法较少应用。

第六章　商品肉用乌骨鸡的饲养管理

商品乌骨鸡是指肉用乌骨鸡，一般的饲养期大约为 17 周（120 天），体重约 1.3 千克，饲养期越长其药用价值越高。目前，一些杂交乌骨鸡 12 周龄体重就能够达到 1.5 千克以上。

内容导读

商品乌骨鸡的饲养方式
商品乌骨鸡的环境条件控制
商品乌骨鸡的饲料与喂饲
笼养商品乌骨鸡饲养管理
舍饲平养商品乌骨鸡饲养管理
放养乌骨鸡的管理

一、商品乌骨鸡的饲养方式

商品乌骨鸡常用的饲养方式有室内平养、笼养和放牧饲养3种。

1. 室内平养(图6-1)

包括地面垫料平养和网上平养，其设备、用品和管理要点与种乌骨鸡的平养相同。乌骨鸡从育雏开始到出栏上市一直在同一个鸡舍内饲养。

图6-1 室内平养

2. 笼养(图6-2)

商品肉鸡的笼养所使用的笼具有两种类型。一是采用两段制，即6周龄之前在育雏笼内饲养，7周龄以后至出栏在青年鸡笼或专用肉鸡笼内饲养。

也有一些场饲养的商品乌骨鸡6周龄之前在育雏笼内饲养，7周龄以后至出栏采用网上平养或地面垫料平养方式。

图 6-2 笼养

3. 放养（图 6-3）

通常在室内育雏至 6～8 周龄，当外界气温合适的情况下把鸡群放到放养场地，让鸡群在放养场地中觅食杂草、草籽、虫子等野生食物，同时在场地中来回活动。这种饲养方式可以起到场地内除草、除虫的作用，而且由于采食野生饲料和运动量增大，乌骨鸡的肉质也更好；由于运动增多、室外空气质量好，鸡群的体质也更好。

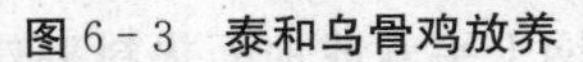

图 6-3 泰和乌骨鸡放养

二、商品乌骨鸡的环境条件控制

(一)环境温度

与种乌骨鸡育雏阶段对温度的要求一样,1～3 天室内温度控制在 35℃左右,4～7 天为 34℃左右,第二周 32℃左右,第三周 30℃左右,第四周 28℃左右,第五周 25℃左右,第六周室内温度不低于 20℃,第七周和第八周以后室内温度不低于 17℃,以后不低于 15℃。

在温度控制方面要注意尽量防止室内温度的大幅度波动,尤其要防止温度突然下降,这很容易引起乌骨鸡的受凉、感冒,诱发其他疾病。此外,要注意观察鸡群的行为表现,看雏施温。

(二)相对湿度

商品乌骨鸡饲养过程中,室内的相对湿度应该控制在 55%～65%。第一周可以稍高些,以后要注意防止湿度偏高,尤其是采用地面垫料平养方式的时候,室内湿度大会严重影响鸡群的健康和生长。

(三)通风

保持鸡舍内良好的空气质量是保证鸡群健康的重要基础。3 周龄之前要兼顾保温和通风,3 周龄以后要把通风放在重要位置,当人员进入鸡舍后不应该有刺鼻和刺眼的异味。低温季节通风的时候要注意防止冷风直接吹到鸡身上。

(四)光照

前 3 天采用连续照明,4～7 天每天光照 20 小时,第二周每天光照 18 小时,以后每天照明时间控制在 15 小时左右。白天利用自然光照,早晚进行人工补光。

舍内的光线不必太强,让鸡群能够看清饲料和饮水即可。

三、商品乌骨鸡的饲料与喂饲

(一)乌骨鸡的饲料

商品乌骨鸡生产要求其一直保持较快的增重速度,以缩短达到上市体重所需的饲养时间。因此，商品乌骨鸡的饲料要在结合乌骨鸡生长发育规律的前提下能够满足其体重增长所需的各种营养素。

根据乌骨鸡的发育规律，可以将其分为育雏期（6周龄以前）、发育期（7～12周龄）和育肥期（12周龄以后至出栏）3个阶段。3个阶段的饲料营养标准可参考下表。

表6-1 商品乌骨鸡各阶段饲养标准

阶段（周龄）	1～6	7～12	12以后
代谢能（兆焦/千克）	11.7	11.5	11.9
粗蛋白质（%）	18.0	16.2	16.0
钙（%）	1.0	1.0	1.0
有效磷（%）	0.40	0.38	0.36
赖氨酸（%）	1.0	0.85	0.8

对于采用放养方式的乌骨鸡其饲养期会更长，早期喂饲和中后期补饲的饲料也可以按照上表参数进行配制。饲养过程中可能会使用较多的青绿饲料以及野生饲料，这些对于加深骨肉的颜色和改善肉味都有好处。

（二）乌骨鸡的喂饲

1. 雏乌骨鸡的喂饲

育雏阶段商品乌骨鸡的开食方法和喂饲要求、初饮和饮水管理都相同。

2. 发育期乌骨鸡的喂饲

这个阶段每天喂饲4次，早晨开灯后喂饲第一次，晚上关灯前喂饲第四次，中间可以喂饲两次。喂料量的控制，可以按照每次喂饲后鸡群能够在30分左右把饲料吃完为度。

有的鸡场采用自由采食喂饲方法，尤其是在采用平养方式的时候，每天加料1～2次，使料桶中始终保持有一定量的饲料，乌骨鸡可以在有光照的时段内随时采食。

采用平养方式饲养的乌骨鸡在发育阶段也可以补饲青绿饲料，

其用量约为配合饲料量的30%。

3. 育肥期乌骨鸡的喂饲

育肥期可以采用自由采食方式，让乌骨鸡能够多吃饲料以促进体重增长。有的场使用颗粒饲料，对于促进增重的效果更好。

无论哪个阶段都要保证饮水的清洁、充足。

四、笼养商品乌骨鸡饲养管理

1. 笼具要合适

使用育雏笼和育成笼（育肥笼），在8周龄前后需要进行一次转群，即将7周龄前后的乌骨鸡从育雏笼转入育成鸡笼。若使用一体式鸡笼则应考虑到鸡群幼小时期不致外逃，育肥期间不影响采食饮水。

2. 及时清粪

笼养鸡饲养密度大，相对而言排粪也多，必须及时清理。如果使用刮板式自动清粪机每天需要清粪2～3次，使用传输带清粪系统则每天清粪5次。如果采用人工清粪，2周龄前每2天清粪1次，以后每天清粪1次。

3. 合理通风

笼养舍内空气中污浊气体产生较多、湿度也较高，必须保持合适的通风量才能保证舍内空气的清新。通风要注意尽量使气流从鸡笼之间的走道流动以减少气流直接遇到鸡笼所产生的阻力。

4. 防止夹挂

防止底网及网片连接处夹伤或挂伤鸡，伤残的乌骨鸡商品价值低。

5. 保持合适的饲养密度

以笼底面积计，5周龄后1米^{2}可养8～10只。饲养密度大则生长缓慢，羽毛生长不良。

6. 适时调整饮水器高度

笼养乌骨鸡一般在10日龄后使用乳头式饮水器，要根据乌骨鸡的生长发育及时升高饮水器的水线，方便其饮水。

7.断喙

笼养乌骨鸡出现啄癖的概率较高，需要在10～20日龄期间进行断喙处理，方法可以参考种乌骨鸡育雏期间的断喙。

五、舍饲平养乌骨鸡的饲养管理

1.合理分群

网上平养要用塑料网将网上隔为若干个小间、地面平养也要分隔成小圈，每个小间(圈)为一个小群。3周龄前每个小群可以养300～500只，4～7周龄可以养200～300只，7周龄以后养150只左右。雏乌鸡接入育雏室后就要分群，以后每周调整一次。每个群内个体的大小、强弱要相似，否则影响发育的整齐度和成活率。

2.保持合适的饲养密度

饲养密度是否合适直接影响到鸡群的生长速度、健康、伤残率、羽毛完整性、群体整齐度等。一般的饲养密度可以参考下表。

表6-2　平养商品乌骨鸡参考饲养密度(只/米²)

周龄	1～2	3～4	5～7	8～11	12～14	15～18
地面垫料平养	40	30	22	16	12	9
网上平养	45	33	26	22	16	12

由于不同品种乌骨鸡(包括杂交乌骨鸡)的体重大小存在一定的差异，表6-2中建议的饲养密度仅供参考，需要根据所饲养乌骨鸡的情况进行适当调整。

很多情况下，乌骨鸡的实际饲养密度会比上述建议密度大，这也是饲养效果不理想的重要因素之一。

3.及时升高料桶和饮水器

7日龄前雏乌鸡体格小，料桶和饮水器都可以直接放在地面或网床上，以后随着雏乌鸡体格的长大要将料桶和饮水器适当升高以方便其采食和饮水。料桶的料盘高度和乳头式饮水器的出水乳头高度(或真空饮水器的水盘高度)略高于乌骨鸡的背部高度,见图 6-4,图 6-5。

图 6-4 料桶位置

图 6-5 饮水乳头位置

4. 垫料管理

管理目标:干净、干燥和柔软,见图 6-6。保持垫料干净主要是垫料不能发霉、用前要除尘、使用过程中定期用耙子将垫料抖松以使粪便落到下面、定期在旧垫料上加铺新垫料。保持垫料干燥则主要是用前将垫料晒干、减少饮水系统是漏水、合理组织通风、饮水器周围潮湿的垫料及时更换等。

采用地面垫料平养方式最大的问题是垫料潮湿,如果出现这种情况则鸡的羽毛容易脏污、鸡舍内有害气体含量升高、细菌和寄生虫

病发生多。

图 6－6　垫料

5. 注意饲料和饮水卫生

地面垫料平养的乌骨鸡要注意保持饲料和饮水的卫生，鸡群在活动过程中可能会把垫料弄到料盘或水盘中，鸡也可能卧在饮水器和料桶上面并把粪便拉到料盘或水盘中。垫料和粪便污染饲料和饮水后，可能使鸡群通过采食污染的饲料和饮水而被感染。

6. 合理安排室外运动

5 周龄以后的乌骨鸡可以在外界气候条件适宜的情况下到室外运动场活动，见图 6－7。合理组织室外运动使鸡群的活动量增加、

图 6－7　室外运动

晒太阳，能够增强鸡群的体质，同时在室外活动期间还可以加大鸡舍的通风量以促进其中有害气体和水汽的排出，有利于保持良好的室内环境。

室外活动的时间主要考虑鸡周龄的大小和外界的气候条件，鸡周龄小的时候室外活动时间短一些，周龄大活动时间可以长一些；室外活动要选择外界气温较高、无风或弱风、无雨雪的天气。不能让鸡群在室外活动期间受凉或雨淋。遇到雨雪天气以及其后几天运动场未干燥的情况，不能让鸡群到室外活动。

六、放养乌骨鸡的管理

放养方式饲养的乌骨鸡由于其活动量大、采食野生饲料多，其肉质也更好；作为滋补之用，这样的乌骨鸡效果也更好。在很多地方饲养期较长的放养乌骨鸡销售价格也更高。

(一)乌骨鸡放养场的场址选择

1. 合适的场地类型

(1)树林(图 6－8)　中原地区许多地方栽植有大片的速生杨树林，在黄河故道的沙地还有以往的林场，许多地方还有园林苗木基地，南方还有茶园。这些林地都是生态养鸡的良好场地。林地要有合适的排水系统，雨天在场地内大部分区域不积水，便于鸡群的活

图 6－8　树林放养

动。林地外围要有围护设施，如围墙、围网等。

(2)果园(图 6－9)　包括农区常见的苹果园、梨园、桃园等，也包括山地常见的核桃树园、栗子树园、柿子树园、山杏树园、石榴树园等。

图 6－9　果园放养

(3)山坡山沟(图 6－10)　在有一定数量开阔地的山坡、山沟，只要有树木、杂草生长就可以作为生态养鸡的场地利用。对于丝羽乌骨鸡，由于其不善于飞跃，如果坡太陡、沟太深则不适宜作为放养场地。

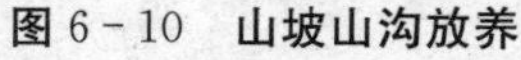

图 6－10　山坡山沟放养

(4)闲置场院(图 6－11)　如破产的小企业、禁止运行的黏土砖窑、搬迁后的学校等。最好是与村庄保持一定的距离，对厂房和排水系统进行维修后即可利用。

图 6－11　闲置庭院放养

2. 场地的总体要求

与村庄、集市、医院等人员车辆来往频繁的场所保持 500 米以上的距离，防止外来病原体进入乌骨鸡放养区威胁鸡群健康。

交通相对便利，但是要与主要交通干线保持 500 米以上距离。如果交通过于闭塞则不便于生产资料的运入和产品的运出。

与其他养殖场保持 1 000 米以上的距离，防止养殖场之间疾病的相互传播。

如果有自然隔离条件最好。

远离可能有自然灾害发生的地方，如洪水、山洪、滑坡、塌方、风口等，这些灾害发生后会对鸡群造成严重损失。

避免放养场地被污染，放养场地不要建在离垃圾填埋场、排污河渠、化工厂和屠宰场下游等地方。鸡群在被污染的地方放养其健康无法得以保证，其产品质量也可能会被污染。

(二)放养乌骨鸡的饲养管理

育雏后期(6 周龄之后)乌骨鸡就可以在室外放养。如果放养时间太早，鸡的体重小、体质弱、适应性差，不能在野外很好地觅食，容易疲劳，对变化多端的外界气候条件也不能很好适应，容易出现问题。6 周龄之前的育雏期乌骨鸡的饲养管理要求可参考前述内容。

1. 放养的适应过程

从育雏室内的饲养到室外放养，由于环境条件、饲料、饲养方式发生了很大变化，鸡群需要有一个适应过程。

(1)适应期　饲养方式改变后，鸡群至少要有 7～10 天的适应期。育雏室内的饲养方式会影响适应期的长短，如果是笼养育雏，适应期要有 10 天左右，因为在笼养条件下鸡的活动范围和运动量小，没有与地面接触；如果是平养则适应期可缩减到 7 天左右。育雏结束时鸡的日龄大小也直接影响适应期，总体看日龄大的适应期短，日龄小的适应期长。

(2)适应方式

1)笼养育雏的适应方式　首先是将育雏结束的鸡群转到平养鸡舍内，在平养鸡舍外面用尼龙网围一定的面积，面积大小主要看放养场地的类型和大小。一般要求围起来的面积要达到每平方米不超过 3 只鸡的密度。

2)平养育雏的适应方式　如果有其他鸡舍，可以在打扫和消毒后，把鸡群转入，再把育雏室清理和消毒后备用。如果没有其他鸡舍可以使用，在育雏室外用尼龙网围住一定的面积的场地，大小与上述要求一样，白天把鸡群放到室外场地活动并对育雏室进行清理和消毒，晚上鸡群继续回原来育雏室生活。

(3)室外放养活动范围控制　室外活动范围应该是逐步扩大。最初几天让鸡在鸡舍附近活动，熟悉周边环境，随着对外界条件的逐步适应，逐渐扩大活动范围。这样在活动范围扩大后，鸡群能够熟悉鸡舍，傍晚的时候就会自动回到鸡舍，减少丢失现象。

2. 环境条件控制

(1)关注天气情况　天气变化对乌骨鸡的影响很大，必须给予密切关注。在刚开始放养的一段时期内乌骨鸡群需要对放养环境有一个适应过程，而且春季(尤其是早春)外界温度波动较大，常常在温度逐渐升高的过程中出现寒潮问题，使得本来比较温暖的天气一下子变得非常寒冷。这样的天气变化非常容易造成乌骨鸡的感冒，而感冒发生后很容易继发其他传染病(也包括禽流感)。因此，关注天气

变化，如果有寒潮来袭必须提早采取措施，如推迟白天鸡群到室外活动的时间、提早回舍时间，必要的时候让鸡群在舍内活动，提前关闭(尤其是夜间)门窗，防止冷风吹进鸡舍等。

关注天气情况还包括当有雨雪、大风的时候减少鸡群在室外活动时间或停止室外活动。

(2)光照管理　乌骨鸡在12周龄以前注意早晚要补充照明，早晨6点开灯、晚上8点关灯，白天采用自然光照，每天光照时间14小时；13周龄后采用自然光照，可以不补充照明。但是，在夏季傍晚时间在鸡舍前面悬挂灯泡可以诱虫，让鸡采食。

(3)保持鸡舍内的干燥　放养的乌骨鸡采食多、饮水多，粪便排泄量大，饮水过程中容易把饮水器内的水弄洒到水盘外，采食青绿饲料多的时候粪便含水量高，如果管理不到位容易造成鸡舍内潮湿，影响鸡群的健康。

保持鸡舍内干燥的措施有：合理放置饮水器并减少其漏水、尽量使用乳头式饮水器、当鸡群到室外运动场活动的时候加强鸡舍的通风换气、垫高鸡舍内地面使其比舍外高出30厘米以上、保持鸡群合适的饲养密度等。

(4)保持合适的饲养密度　饲养密度不仅会影响到鸡舍内的环境质量，也会对鸡群的精神状态产生影响。密度偏高时会造成鸡舍内空气湿度大、空气污浊(粉尘、有害气体和微生物含量高)、鸡群烦躁(容易出现惊群、啄癖)、生长速度缓慢、健康状况不良等问题。

一般情况下，放养乌骨鸡在平养条件下的室内饲养密度控制要求为：6～10周龄12只/米^2，13～18周龄8～9只/米^2。

(5)控制噪声　噪声会造成鸡群的惊群，惊群会造成鸡群的采食量、生长速度下降。噪声主要由汽车鸣喇叭、工作人员的大声吆喝、大风刮动没有固定好的门窗造成。

3. 饲料与喂饲

(1)饲料　放养乌骨鸡喂饲所使用的饲料类型包括：配合饲料、原粮、青绿饲料、昆虫及其他动物性饲料等。野生的饲料资源是放养青年蛋鸡的重要食物，但是由于其营养不全面，容易造成某些营养素的缺乏或不足而影响正常的生长发育和健康，因此必须使用一定量的配合饲料来满足鸡群对这些营养素的需求。

在放养场地面积大、野生饲料资源丰富的条件下鸡群可以大量利用野生饲料资源，如青草、草籽、昆虫等，每天傍晚可以少量补充配合饲料，用量控制在30～50克/(只·天)的范围内；如果野生饲料资源不足则需要加大配合饲料的用量，用量控制在40～60克/(只·天)的范围内，并使用部分原粮。

为了保证乌骨鸡在放养阶段有足够的青绿饲料，建议在每年秋季在放养场地上播种一些人工牧草，如冬牧70、小青菜、紫花苜蓿、苦荬菜、三叶草、大麦等牧草和麦类作物，待春天(3月中旬之后)外界气温较高，适合鸡群在室外放养的时候，这些青绿饲料已经生长得比较茂盛，能够使鸡群获得比较充足的青绿饲料。

(2)喂饲要求　不同类型的饲料喂饲要求有差异。

1)青绿饲料的喂饲　在场地圈养的情况下，放养场地面积相对较小，场地内的青绿饲料很快就会被鸡群吃净而且再生也很困难。青绿饲料主要靠从其他地方收割后撒在放养场地内让鸡群采食。当青绿饲料充足的时候，白天可以让鸡群充分采食青绿饲料并搭配少量的原粮；当青绿饲料数量不足的时候，每天可在上下午在场地内撒一些青绿饲料，适当多用些原粮。在大场地放养的时候，青绿饲料是鸡群自主觅食的，不要人工干预。

2)原粮的喂饲　放养鸡群要喂饲部分原粮，减少人工合成添加剂的使用。原粮的使用最好是多种搭配，因为单一的原粮没有一种是营养全面的。

3)配合饲料的喂饲　配合饲料一般在傍晚鸡群进入鸡舍后喂饲，这样有助于让鸡群形成傍晚自动归宿的习惯，同时配合饲料在夜间也能够在鸡消化道停留较长时间，有利于其消化和吸收，夜间鸡群不出现饥饿现象。

(3)混合饲料搭配建议　将多种原粮搭配做成混合饲料可以发挥其营养互补作用。对于放养的乌骨鸡，各种原粮的搭配：玉米60%、豆粕18%、秕麦10%、花生饼(或菜籽粕)5%、麸皮5.5%、骨

粉 1.5％。玉米需要粉碎成颗粒状，各种原粮混合均匀后放在料盆或料桶中饲喂。

一些从事生态养殖的养鸡户不注意原粮的搭配使用，而是长期使用单一的原粮，很容易造成乌骨鸡的生长发育不良、羽毛不齐、发生啄癖、个别鸡呈现病态等问题。

(4)饲料的过渡性变换　当乌骨鸡从育雏室转入到放养方式的时候，需要注意饲料的逐渐过渡，最初 1 周还需要以配合饲料为主，适量搭配一些青绿饲料，以后逐渐减少配合饲料的用量，以青绿饲料为主。如果变换过快，鸡的胃肠道可能无法很快适应，容易出现消化不良现象，甚至出现拉稀、嗉囊堵塞等问题。

4. 放养信号训练

放养信号训练的目的在于方便鸡群的管理，减少鸡的丢失。信号训练要从乌骨鸡群 6 周龄前后开始，经过 2～3 周的训练，鸡群就能够产生条件反射。为了让鸡群形成稳定的条件反射，这种信号必须在相对固定的时间和补饲的时候进行，不能在其他时间使用。

(1)小场地放养的信号训练　在面积较小的果园、林地、山沟或空场院放养鸡群，鸡的活动范围较小，易于管理。放养信号比较简单。

通常从鸡舍放出鸡群很容易，打开鸡舍的地窗或门，鸡群自己就会主动到舍外场地。鸡群可以在场地内任何地方觅食、活动、休息，而人工补饲(包括青草、青菜、原粮、配合饲料等各种饲料)要集中在鸡舍前方附近的场地。补饲的时候可以通过敲打木板、发出呼唤等方式让鸡群听到喂饲信号，使所有的鸡都从场地各处集中到鸡舍前面。

(2)大场地放养的信号训练　对于面积比较大的树林、滩地、山沟等鸡群放养场地，由于鸡群的活动范围大，使用的信号必须让较远处的鸡群能够听到。

通常早上鸡群到放养场地活动可以自主走动，训练信号主要是用于喂饲和收拢鸡群。这种信号一般在傍晚时必须使用，让鸡群回鸡舍附近进行补饲，补饲之后回鸡舍内休息。这种方式所需要的信号通常是用哨子，其发出的声音尖，传得比较远。

5. 场地外围护

(1)目的　设置场地外围护的目的在于防止乌骨鸡逃出场地外，造成丢失。对于在树林、果园、空场院等较小场地放养鸡群，尤其是离道路、村庄、学校等人员和车辆来往频繁的地方比较近的情况下更需要有外围护以防止鸡外逃。同时，也可以减少外来人员、车辆和其他动物的进入。

(2)材料　通常在不少地方的果园都建有围墙用于防止水果被偷窃，这种围墙也能够起到防止鸡外逃和被偷窃的作用。没有围墙的地方可以用尼龙网沿场地的周围将鸡群活动的场所围起来，见图6－12。

图6－12　尼龙围网

(3)高度　外围护设施的高度应该达到1.8～2米，如果低于这个高度，鸡有可能飞跳到外面。

对于在山沟养鸡，则可以直接利用沟崖作为屏障，在个别平缓处设置围网即可。饲养人员每天在崖上走动几次，借以观察鸡群和驱赶其他野生动物。

6. 饮水管理

(1)饮水用具　放养乌骨鸡如果在放养场地内有天然的溪水(如在一些山沟)，可以间隔一段距离用石头砌成小拦水坝，使水流变得缓慢，方便鸡群自主饮用。如果没有这种条件，多数情况下使用真空饮水器。饮水器的容量为5～10升，每50只鸡1个饮水器。饮水器要放置在比较显眼的地方，一般都是在放养场地内来往的小路旁边，便于饲养员检查和换水，也便于鸡群饮水。饮水器之间的距离为20

米左右，鸡群活动的地方都要有饮水器。放养场地内比较边远的地方可以少放置几个，在活动集中的地方多放置几个。

(2)注意提供足够的饮水　保证充足的饮水是保证鸡群正常觅食、采食，保持良好体质的重要前提。饲养员每天要在上、下午各检查一次饮水器，观察饮水器内的水量，水不足的要及时添加。尤其是在山地养鸡的时候，由于青绿饲料数量有限，鸡群跑动的范围大，容易感到渴，缺水的时候对鸡的不良影响更严重。

(3)饮水要干净　放养区域内如果是山泉溪水能够不断流动，可以让鸡群饮用；如果有池塘则需要检测池水的卫生质量，主要是细菌总数和氮的含量，如果不超标则可以继续使用，如果超标则需要投放消毒剂并用围栏围起来，不让鸡群饮用；如果使用真空饮水器，则要定期更换其中的饮水，水球内的水存放时间不宜超过 2 天；定时检查饮水器的水盘，如果其中有泥土、粪便及其他杂质则需要及时清理。

7. 防止野生动物危害

放养鸡群如果是在较大的场地进行则要注意采取措施防止野生动物危害，尤其是在山沟、大片林地和滩区放养的情况下。在育雏刚结束进入育成阶段的时候，由于乌骨鸡的个体较小、体质弱、跑动能力差，容易受到野生动物的危害。

提前了解放养区域及附近常见的野生动物类型和数量是采取针对性措施的关键；饲养 1～2 条温驯的狗，每天围绕放养场地走动几次，能够有效防止野生动物的靠近；在高的树上悬挂一些彩布条能够减少飞禽的靠近。

8. 卫生防疫管理

青年鸡放养阶段的卫生防疫管理

(1)放养场地的消毒　如果是场院圈养，鸡群放养前，对场院内地面进行消毒药物喷洒；如果采用林地或果园、山地放养，则主要是对鸡舍前面的场地(鸡群活动较多的场地)定期进行消毒，以有效减少环境中的病原微生物。

(2)保持鸡舍内良好的空气质量　白天当鸡群到舍外放养场地活动时，要把鸡舍的窗户、门或风机打开进行充分的通风换气，使鸡

舍内的有害气体、空气中的粉尘和微生物数量、空气中的水汽尽可能多的被排出。这样能够保证鸡群夜间在鸡舍休息期间，舍内空气质量良好。许多生产实践证明，空气质量是影响鸡群健康的关键因素，生活在空气质量好的环境中，即便是温度、湿度不太适宜，鸡也能保持良好的健康状况，像农户少量散养的鸡就是很好的例证。

(3)及时接种疫苗　按照免疫程序和当地鸡病流行情况，及时对鸡群进行免疫接种。如果是进行个体免疫接种(注射、滴鼻点眼、滴口等)应该安排在晚上鸡群回鸡舍后进行，喷雾接种也在夜间进行。如果是采用饮水免疫则在早晨放鸡前把疫苗水配好，让鸡群饮用后在放鸡。

(4)驱虫　放养鸡群容易感染肠道寄生虫，生产中要经常在鸡群活动较多的地方观察鸡的粪便，发现有寄生虫的存在就及早使用驱虫药。

(5)预防性使用抗菌药物　许多细菌性疾病的发生具有季节性和年龄特点，要注意预防性地使用药物。如果条件许可尽量使用一些中草药，以减少药物残留和细菌耐药性的产生。对于雏乌骨鸡养殖过程中常见的问题是白痢的危害较大，多数在出壳后接种疫苗的时候同时将头孢类抗生素加入稀释液中，在雏鸡育雏期间要注意使用头孢类抗生素、丁胺卡那霉素等作为预防用药。放养乌骨鸡出栏前 20 天停止使用各种药物。

(6)做好粪便和病死鸡的管理　粪便和病死鸡是重要的疾病传播源。粪便必须及时清理后堆积发酵，病死鸡需要消毒后深埋(鸡尸体距地表不少于 50 厘米)或焚烧处理。

9. 注意天气情况

要留意天气预报，在大风或下雨天让鸡群在舍内活动，以免风吹雨淋造成乌骨鸡感冒、生病。

10. 防农药中毒

果园喷药后 1 周内不让乌骨鸡到园内觅食。

(三)提高商品乌骨鸡产品质量

1. 选养优良乌骨鸡种

优良的乌骨鸡种不仅具有乌骨鸡应具备的外观和生理特点，而且生长较快，抗病力强，既具有较高的生产性能，又能适合消费者的需求。

2. 羽毛生长良好

当饲养至13～16周龄准备上市时商品乌骨鸡全身的羽毛必须长齐。若羽毛长不齐则屠体皮肤外观质量不好。断喙、喂饲全价饲料、5周龄后环境温度稍低、饲养密度合理、环境卫生状况良好等，都是保证乌骨鸡羽毛生长良好的条件。

3. 后期喂饲鲜活饲料

乌骨鸡在10周龄后可补喂一些青绿饲料、鲜活的鱼虾、昆虫等有助于改善鸡肉的品质。

4. 鸡体健康

只有健康的乌骨鸡其生长发育才会良好，腿部和胸部肌肉较多，同时其屠体的微生物污染也会较轻。

5. 减少伤残

无论是骨折、挫伤、皮肤破裂或是腿跛都会降低商品乌骨鸡的等级。饲养中应尽可能减少伤残现象的发生。

第七章　乌骨鸡的疫病防治

乌骨鸡的抗病力较差，环境条件不适、饲料营养不平衡、药物使用不当、卫生防疫措施不得力等，都会引起乌骨鸡发病，造成死亡。鸡群发病是由多种因素相互作用引起的，因此鸡病防治也必须采取综合性的措施。

内容导读

贯彻疫病综合防治原则
搞好乌骨鸡场的消毒工作
做好种鸡的白痢净化
搞好免疫接种工作
合理使用药物
做好污物的无害化处理
主要病毒性传染病的防治
乌骨鸡细菌性传染病的防治
乌骨鸡寄生虫病的防治
乌骨鸡其他疾病的防治

一、贯彻疫病综合防治原则

1. 与外界严格隔离

鸡场或鸡舍应建在村外，以减少人员来往、畜禽走动造成的疾病传播。饲养者不要相互串看鸡群，尽可能谢绝无关人员接近鸡舍。

2. 采取严格的消毒制度

鸡场大门、生产区大门应有消毒设施，以便人员、车辆、物品进出消毒。鸡舍内每 1～3 天消毒 1 次，鸡舍周围 5～7 天消毒 1 次。鸡群每周转群 1 次，并对房舍和设备及时进行消毒，见图 7－1 至图 7－3。

图 7－1　更衣消毒间

图 7-2 车辆消毒

图 7-3 人员消毒

3. 采用“全进全出”生产制度

“全进全出”制度即某个鸡场(户)或某个鸡舍在一定时期内只饲养同一批次的乌骨鸡,以切断循环感染。

4. 严把种苗质量关

购买雏乌骨鸡应先了解供雏者种鸡群的情况,只有种质纯、健康无病、管理规范的种乌骨鸡才能提供优秀的后代。

5. 科学地进行免疫接种

用疫苗接种是预防病毒性传染病的主要措施。采用科学的免疫程序、接种方法和优质疫苗是提高免疫接种效果的基本条件。

6. 合理使用抗生素及抗寄生虫药物

使用抗生素和抗寄生虫药物是分别防治鸡细菌性疾病和寄生虫病的主要手段。要科学地选用药物，严格按照规定要求使用。

7. 喂饲优质全价的饲料

营养平衡的优质饲料不仅是鸡群高产的需要，也是健康的需要。营养缺乏会造成代谢病的发生，也会影响疫苗接种效果。发霉变质的饲料或饲料毒素含量超标都会对鸡的健康造成危害。

8. 提供适宜的生产环境

环境温度、湿度、空气质量、光照程序都要满足不同时期乌骨鸡的需求。环境条件不适宜是许多疾病发生的诱因。

9. 合理处理污物

乌骨鸡场的污物包括粪便、污水、死鸡及其他废弃物。它们是病原体的主要携带者，是环境污染的源头，必须集中堆放或积存或深埋，并采取恰当的无害化处理方法进行处理。

10. 要有完善的卫生防疫制度

对生产的各个岗位和环节的卫生管理都有相应的制度，并能让每个人都能在思想上真正重视，行动上严格依照执行。

二、搞好乌骨鸡场的消毒工作

(一)消毒方法

1. 物理消毒法

包括清扫、冲洗、太阳晒、紫外线照射、焚烧(或灼烧)、蒸煮等。

2. 化学消毒法

利用化学消毒剂对物体进行接触性消毒，以杀灭接触面的病原微生物。这是目前主要应用的消毒方法。

3. 生物学消毒

生物学消毒是将鸡场的粪便、死鸡等污物堆积覆盖或装袋密封进行发酵，利用细菌发酵产热杀死污物中的细菌、病毒、寄生虫等。

(二)化学消毒的方法

1. 熏蒸消毒

熏蒸消毒即在一个密闭的空间内利用化学药物产生的气体对被消毒对象(房舍内壁、设备、种蛋、用品等)消毒,常用的药物有福尔马林、过氧乙酸和高锰酸钾等。

2. 喷洒消毒

喷洒消毒即将消毒药按比例加入水中后通过喷雾器械将药雾喷洒到道路、场地、房舍内外壁、设备、鸡体及种蛋表面。

3. 浸泡消毒

浸泡消毒即在消毒池或盆内放入一定量的水后按比例加入消毒药,将物品浸入其中消毒,如器械、用具、车轮、胶靴等的浸泡消毒。

4. 饮水消毒

饮水消毒即将合适的药物加入饮水中搅匀后让乌骨鸡饮水,这样的消毒药应是无毒、无腐蚀性、无刺激性的。

5. 涂抹消毒

涂抹消毒即将消毒液涂抹在乌骨鸡创伤部位以防感染。

(三)化学消毒剂的选择

化学消毒剂常常按照其化学性质进行分类,乌骨鸡场常用的化学消毒剂类型如下:

1. 碱性消毒剂

(1) 烧碱(氢氧化钠)　对细菌、病毒、寄生虫卵杀灭作用强,常用1%～2%热溶液,消毒鸡舍、地面、环境及物品;消毒效果好,但有较强腐蚀性,消毒饲具后,须用清水洗净。

(2)生石灰(氧化钙)　价廉易得的消毒药,对细菌、病毒有杀灭作用。加水即成熟石灰,熟石灰可撒布阴湿地面消毒;如配成20%石灰乳(1千克生石灰加5升水),要现用现配,防止失效,常用于墙壁、地面粪池、污水沟等处消毒。

2. 卤素类消毒剂

(1)二氧化氯(消毒王)　无机含氯的第四代灭菌消毒剂,广谱高效安全,对细菌、芽孢、真菌、病毒有杀灭作用,可带鸡消毒、饮水消毒等。0.01%～0.02%可用于细菌和病毒的消毒，0.025%～0.05%可用于带芽孢细菌 0.000 2%可用于饮水、喷雾、浸泡消毒。但应注意水温和水的 pH 值，试验资料表明温度在 25℃以下，温度越高，消毒效果越好。

(2)漂白粉(氯石灰)　1%～5%的消毒液可用于沙门菌、炭疽杆菌、大肠杆菌的消毒，10%～20%的混悬液可用于炭疽芽孢的消毒，如用漂白粉精，浓度为漂白粉的 1/3，并宜现配现用。

(3)二氯异氰脲酸钠(抗毒威)　0.5%～1%用于杀灭细菌和病毒，5%～10%用于杀灭含芽孢的细菌，宜现配现用。

(4)二氧化氯

3. 氧化剂

(1)过氧乙酸　有强大的氧化作用，为广谱消毒剂，对细菌、病毒，芽孢均有强大的杀灭作用，但对动物和人眼睛和呼吸道有刺激性，多用于环境和空栏消毒，宜现配现用。

(2)高锰酸钾　该品遇有机物时即释放出初生态氧和二氧化锰，而无游离状氧原子放出，故不出现气泡。初生态氧有杀菌、除臭、解毒作用，高锰酸钾抗菌除臭作用比过氧化氢溶液强而持久。

(3)二氧化锰　能与蛋白质结合成盐，在低浓度时呈收敛作用，高浓度时有刺激和腐蚀作用。其杀菌力随浓度升高而增强，0.1%时可杀死多数细菌的繁殖体，2%～5%溶液能在 24 小时内可杀死细菌芽孢。在酸性条件下可明显提高杀菌作用，如在 1%溶液中加入 1.1%盐酸，能在 30 秒内杀死炭疽芽孢。

4. 酚类消毒剂

菌毒敌、农家福、菌毒灭、来苏儿等都属于酚类消毒剂，对病原微生物有较好的杀灭作用，使用方便。但对皮肤、黏膜有一定腐蚀性。菌毒敌为复合酚消毒剂，可杀灭细菌、真菌、病毒，对寄生虫卵也有杀灭作用。但臭味重，污染环境。

5. 醛类消毒剂

(1)福尔马林　为广谱消毒剂，对细菌、病毒，真菌、芽孢均有强大的杀灭作用，常与高锰酸钾混合，熏蒸消毒鸡舍、孵化器、种蛋等，

0.5～1%溶液作环境喷洒消毒。

(2)戊二醛　常用作熏蒸消毒剂，每立方米用1.06毫升10%的溶液熏蒸鸡舍；喷洒消毒用2%；浸泡消毒用2%溶液浸泡15～20分。注意水的pH值在7.5～8.5最好。

6.季铵盐类消毒剂

这类消毒剂包括消毒-99、百毒杀、新洁而灭（也称为苯扎溴铵）等，季铵盐聚合物杀菌剂并非是一种具体的产品，而是泛指在结构中含有多个阳离子的一类聚合物。为阳离子表面活性剂，可改变细菌胞浆膜的通透性，是菌体物质外渗，阻碍其代谢而使细菌死亡。对细菌繁殖体和亲脂性病毒有较好杀灭作用，但对细菌芽孢和亲水性病毒不能杀灭。

乌骨鸡生产中常用的百毒杀为季铵盐类消毒剂的典型代表，有速效和长效的双重效果，对细菌杀灭效果较好，对真菌、病毒有一定的杀灭效果，可带鸡消毒、饮水、环境消毒等。

7.醇类消毒剂

酒精可杀灭细菌繁殖体和病毒，但不能杀灭芽孢。消毒最佳浓度为70%，主要用于皮肤和器械消毒。碘酒为强大的广谱消毒剂，3%～5%碘酒用于注射部位、手术前的皮肤消毒。

(四)消毒剂的使用注意事项

1.交替使用消毒剂

不同化学性质的消毒剂其消毒范围不同，有的对某些类型的微生物杀灭效果好，而有的则对其他类型的微生物杀灭效果好，交替使用能够更有效地发挥消毒效果；长期单一使用某种消毒剂也容易产生耐药菌（毒）株。因此，在生产中应定期交替使用多种化学性质不同的消毒剂。

2.合理控制施药量

在某一水平下消毒表面上喷施的消毒药物量越大则消毒效果越好，但超过一定量后则不能提高消毒效果。在实际应用过程中要注意查看使用说明中推荐的用药量，或稍有增加即可。依照药物的稀释浓度，1米^{2}消毒表面应喷洒50～80毫升的药液。

3. 消毒要全面彻底

病原体可广泛分布于场地、土壤、灰尘、粪便、墙缝等各个角落，并能长期存活。在进行消毒操作时，对通道、粪便、鞋帽等凡是与畜禽有直接或间接接触的物体，应严密地喷洒、熏蒸或彻底地洗刷消毒。对场舍门口消毒池内消毒液要定期更换，以防消毒失效。

4. 控制消毒间隔

各种消毒药物在喷施后都有一定的消毒有效期，超过一定时间则效果减退。消毒间隔在不同季节和不同类型鸡舍可控制在 1～5 天，消毒池每 5～7 天应更换 1 次药水或补充加药。

5. 消毒前的清理

为提高消毒效果，在喷洒消毒药前对房舍及设备用具应进行清扫、冲洗以将有机物清除。

6. 注意人员安全

有些消毒药物具有较强的刺激性和腐蚀性，使用时必须对手、眼、口、鼻采取必要的防护措施。

(五)紫外线消毒

生产中常使用紫外线灯管发出的紫外线对人体、衣服、物品进行消毒。采用这种消毒方法时应注意以下问题：

(1)有足够的照射时间　每次消毒的照射时间与消毒效果呈正相关，通常要求不少于 10 分，也不要超过 20 分。时间短则消毒效果不好，时间过长则会对被消毒的人员造成伤害。

(2)全方位照射　紫外线的穿透能力差，只能对所照射到的表面起到消毒作用。因此，消毒室内应在多部位、不同高度装设紫外线灯，以扩大照射消毒范围。

(3)注意眼睛保护　紫外线对眼结膜有较大的刺激作用，工作人员消毒时最好闭上眼睛或用手挡住眼睛，不能盯着灯管看。

(4)照射距离　适当的灯管与照射消毒表面的距离应为 1～2 米。

三、做好种鸡的白痢净化

目前，大多数种乌骨鸡场对种鸡群的白痢净化工作做得不好，很多场内种乌骨鸡的白痢阳性率超过10%，有的甚至超过35%。这样的种乌骨鸡所提供的后代雏鸡先天感染白痢的概率很高，雏鸡的成活率较低，而且生长速度较慢，更大的问题是需要经常用药进行防治，造成鸡肉中的药物残留问题。

鸡白痢的净化方法常用平板凝集实验方法，可以在鸡群产蛋率达到20%的时候进行一次全群检测，淘汰阳性个体，产蛋率达到高峰放时候再进行一次全面检测。

阳性个体不仅不能继续留作种用，也不能在种鸡场内继续饲养，因为它们是带菌者，鸡白痢沙门菌会随粪便污染环境，进而继续感染其他健康鸡。因此，阳性个体应该送往屠宰厂处理或高温消毒。

四、搞好免疫接种工作

免疫接种是预防病毒性传染病和某些细菌性传染病的有效方法，是乌骨鸡场卫生防疫工作的主要组成部分。乌骨鸡生产中使用疫苗接种进行预防的传染病主要有马立克病、新城疫、传染性支气管炎、传染性法氏囊炎、禽流感、鸡痘、产蛋下降综合征、传染性喉气管炎、传染性鼻炎、败血支原体病（慢性呼吸道病）等。

（一）疫苗的接种方法

1. 滴鼻

将疫苗按规定稀释后，左手握住雏乌骨鸡并以食指堵住雏乌骨鸡左侧鼻孔，右手用胶头滴管吸取疫苗并向右侧鼻孔滴入1滴，待疫苗吸入鼻孔后将雏乌骨鸡放开。

2. 点眼（图7－4）

左手握雏鸡并将其侧放，右手用滴管将1滴疫苗滴入上侧眼内。待疫苗完全进入眼内后再放开雏鸡。

图 7-4 点眼法接种疫苗

3.滴口

左手握雏鸡并用食、拇指将雏乌骨鸡上、下喙推开，右手持滴管向雏乌骨鸡口内滴入 1 滴或 2 滴疫苗。

4.浸喙

将稀释好的疫苗放入小茶碗内，用左手或右手握住雏乌骨鸡将其喙部浸入疫苗内，让疫苗淹没鼻孔，当鼻孔处有一气泡冒出时将雏乌骨鸡移开放下。

5.刺种(图 7-5)

左手抓雏鸡并用两指拉开一只翅膀，右手用蘸有疫苗的刺种针或蘸有疫苗的笔尖在近翅膀根部羽毛少处刺入皮肤，使疫苗与伤口充分接触。

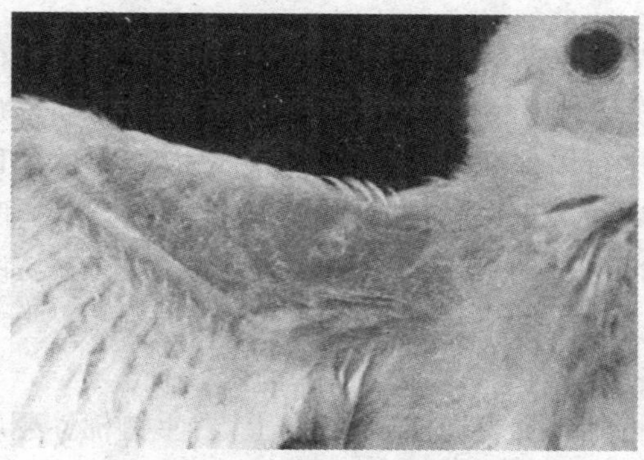

图 7-5 鸡痘疫苗的刺种部位

6. 皮下注射(图 7-6)

左手捏住雏乌骨鸡头顶或颈部皮肤,将皮肤提起,右手持注射器将针头刺穿皮肤但不触及骨肉,将疫苗注入。

图 7-6　雏鸡皮下注射疫苗

7. 肌内注射

一人抓乌骨鸡,另一人持注射器使针头倾斜刺入胸部肌肉或鸡腿外侧肌肉。注意不能刺入胸腔、腹腔或伤及骨头、神经。45 日龄以内的乌骨鸡由于腿部肌肉少,应该采用胸部肌内注射。

8. 饮水免疫

将疫苗混入深井水或凉开水,加入饮水器或水槽中让乌骨鸡饮用。注意饮水中不能含有杂质、消毒剂。

9. 气雾免疫

将稀释后的疫苗装入专用的疫苗喷雾器内,调整好雾粒直径大小,在距鸡群头 60～100 厘米处喷雾,让鸡呼吸时吸入疫苗。喷雾应在暗环境下进行以保证鸡群安静,并将门窗、风机关闭以减少空气流动。喷雾结束约 35 分后打开门窗或风机通风。当鸡群有潜在的呼吸系统感染问题的时候不能采用气雾免疫,否则容易诱发呼吸系统疾病。

10. 擦肛

用左手将雏乌骨鸡握住,尾部向上,右手持棉签蘸取疫苗后涂擦肛门。

上述各种接种方法并不是每种疫苗都能适用，灭活苗只能进行注射，应用时应依据疫苗的使用说明。

（二）乌骨鸡常用的疫苗

1.鸡马立克疫苗

（1）冻干疫苗　本疫苗为火鸡疱疹病毒（简写HVT126）脱离细胞毒冻干而成，以专用稀释液稀释后，1日龄雏皮下或肌内注射0.2毫升；稀释后2小时内用完。

（2）细胞结合性疫苗　本疫苗为高毒价，为火鸡疱疹病毒（简写HVT126）细胞结合毒液，以专用稀释液稀释后，1日龄雏皮下或肌内注射0.2毫升；该疫苗液氮保存，稀释后2小时内用完。

（3）细胞结合性弱毒疫苗　本疫苗为马立克病疱疹病毒弱毒株（CVI988），疫苗以专用稀释液稀释后，1日龄雏鸡皮下或肌内注射0.2毫升，用于预防马立克病超强毒感染；该疫苗液氮保存，稀释后1～2小时用完。

（4）细胞结合性二价疫苗　本疫苗为HVT126＋SB1组成二价苗，以专用稀释液稀释后，1日龄雏皮下或肌内注射0.2毫升，能预防超强毒感染；该疫苗液氮保存，稀释后2小时内用完。

（5）细胞结合性二价弱毒疫苗　本疫苗为HVT126＋CVI988组成的二价苗，以专用稀释液稀释后，1日龄雏皮下或肌内注射0.2毫升，可预防马立克病毒超强毒感染；该疫苗液氮保存，稀释后1～2小时用完。

2.传染性法氏囊炎疫苗

目前，作为疫苗的主要是中等偏强毒株，如V877、D22株、W2512等，这些毒株做成的疫苗能充分使雏鸡免受保护欧洲和亚洲超强毒株的侵害。

3.新城疫疫苗

（1）鸡新城疫油乳剂灭活疫苗　使用鸡新城疫弱毒Lasota株（Ⅳ系），为乳白色的乳剂，有两种剂型：单相苗为油包水型，复相苗为水包油包水型，两种剂型的疫苗在37℃左右条件下放置21天，不应破乳。2周龄以内雏鸡颈部皮下注射0.2毫升，同时以Lasota或Ⅱ

系弱毒疫苗按瓶签注明羽份稀释滴鼻或点眼(也可以气雾免疫),免疫期可达120天。2周龄以上鸡注射0.5毫升,免疫期可达10个月。用弱毒活疫苗免疫过的母鸡,在开产前2~3周注射0.5毫升灭活疫苗,可保护整个产蛋期。本疫苗在4℃保存有效期为1年;20℃保存单相苗为6个月,复相苗为3个月。保存期间应尽量避免摇动。

(2)鸡新城疫低毒力活疫苗　本品系用鸡新城疫低毒力类弱毒株(Ⅱ系或Ⅳ系、克隆30)接种敏感鸡胚培养,收获感染鸡胚液,加适当稳定剂,经冷冻真空干燥制成的冻干苗。使用时,按瓶签注明羽份,用生理盐水或适宜的稀释液作适当稀释。滴鼻或点眼免疫,每只0.05毫升。饮水或喷雾免疫,剂量加倍。本品在-15℃保存,有效期为2年,2~8℃为8个月,10~15℃为3个月,25~30℃为10日。

(3)鸡新城疫活疫苗(Ⅰ系)　本品系用鸡新城疫Ⅰ系弱毒株,为淡红色海绵状疏松团块,供已经用鸡新城疫低毒力疫苗免疫过尚在有效期内的鸡使用。免疫持续期为1年。使用时,根据瓶签注明的羽份,皮下或胸肌注射,按每羽1毫升稀释;点眼或刺种,按每羽0.05毫升稀释。本品只能用于6周龄以上的乌骨鸡;产蛋乌骨鸡在接种后2周内产蛋可能减少或产软壳蛋,要慎用;本品在-15℃以下保存,有效期为2年,0~4℃为8个月,25~30℃为10天。

4.传染性支气管炎疫苗

(1)传染性支气管炎弱毒活疫苗　疫苗毒株为H120或H52,对当前流行的多数血清型传染性支气管炎均有良好的预防作用,对肾型病变株也有交叉免疫效果。H120株主要用于雏鸡和产蛋鸡、H52株主要用于5~18周龄的青年鸡。用M5株或28/86株(肾型)制作的活疫苗可以用于各种阶段的鸡群。

(2)传染性支气管炎油乳剂灭活疫苗　主要用M41毒株制成。生产中,传染性支气管炎疫苗常常与新城疫疫苗(弱毒株)制成二联苗使用。

5.禽流感疫苗

从用作抗原的物质看,禽流感疫苗有4类:一是全病毒灭活苗,具有安全性好,抗原成分齐全,免疫原性强,不会出现毒力返强和变异的危险，能够经受同种亚型禽流感病毒的攻击，给免疫鸡群提供良好的免疫保护，也是目前被广泛应用的免疫疫苗。二是亚单位疫苗，是提取禽流感病毒具有免疫原性的蛋白，并辅以佐剂而制成的疫苗。这种疫苗具有良好的安全性，能刺激机体产生足够的免疫力，但免疫保护持续时间短，且制作的成本高。三是活载体基因重组疫苗，它是以利用基因工程方法改造的病毒或细菌作载体，按人们的要求表达特定免疫活性因子。四是核酸疫苗，是最近几年新兴的一种疫苗，它是利用重组 DNA 技术将保护性抗原蛋 F1 基因克隆到真核表达载体，并将其直接导入体内，使抗原蛋白经过内源性表达递呈给免疫系统，诱导机体产生特异性的体液免疫和细胞免疫反应。

当前使用较多的血清亚型主要是：H5、H7、H9 等。目前，生产中使用的商品性产品主要有：

（1）H5N1 基因重组病毒灭活疫苗（Re－1 株） Re－1 株禽流感病毒（GS/GD/96/PR8 重组毒）是利用流感病毒反向遗传操作技术构建的重组病毒。该疫苗的免疫效果比 H5N2 亚型疫苗好，已经广泛应用于中国鸡和水禽免疫。

（2）禽流感重组鸡痘病毒活载体疫苗（H5 亚型） HA 和 NA 双基因重组禽痘病毒（Rfpv－H5N1 株）是将 GS/GD/96 的 HA 和 NA 基因重组到鸡痘病毒疫苗株的基因组中构建而成。它具有良好的免疫原性和遗传稳定性。

（3）重组新城疫病毒活载体疫苗（rL－H5 株） 重组新城疫病毒 rL－H5 株，是采用新城疫病毒 La Sota 株为载体的禽流感病毒 HA 基因的重组病毒。但该疫苗受新城疫母源抗体影响较大，实际使用中应把握好免疫时机，避免免疫空白造成疾病隐患。

（4）H5 亚型 AIV 变异株疫苗 临床上常见的 Re－3、Re－4 和 Re－5 就是分别以禽流感病毒变异株表面蛋白基因供体株研制而成的。

（5）H9N2 亚型禽流感疫苗 H9N2 亚型禽流感发病后虽然致死率一般不超过 30%，但常导致呼吸道症状，蛋鸡的产蛋量下降，并使鸡群易继发严重的呼吸道疾病，影响家禽生产性能。目前，中国国

内的 H9 亚型 AIV 疫苗均为灭活疫苗。

(6)H9N2 亚型禽流感灭活疫苗(F 株)　该毒株是一个基因重组病毒,其聚合酶蛋白酶基因与可能来源鸭的 H9N2 病毒的相应基因发生了重组,该重组类型的病毒之后在中国国内鸡群中持续存在并作为母体病毒产生了多种类型的内部蛋白基因重组病毒。

目前,在生产中还常用禽流感和新城疫二联油乳剂灭活疫苗。

6. 传染性喉气管炎疫苗

主要是弱毒冻干疫苗,本疫苗最好的接种方式是点眼,每只鸡眼结膜囊内 1 滴,首免 4～6 周龄,二免 12～14 周龄,接种后 4～5 天产生免疫力,因该病在不同鸡群间传播缓慢,所以可对发病鸡群早期进行紧急接种,通常有效。

7. 禽痘疫苗

主要有鸡痘病毒鹌鹑化弱毒疫苗和鸽痘病毒疫苗,它们是用鸡胚或细胞培养制备的,以细胞培养制备的弱毒苗效果较好,接种方法主要是翼翅刺种法。

8. 产蛋下降综合征疫苗

本品有单价灭活油乳剂疫苗或联苗,本病疫苗种类很多,依需预防疫病种类,选用下述一种疫苗:产蛋下降综合征灭活油乳剂疫苗,产蛋下降综合征、新城疫二联灭活油乳剂疫苗,产蛋下降综合征、新城疫,传染性支气管炎三联灭活油乳剂疫苗,产蛋下降综合征、新城疫、传染性法氏囊病三联灭活油乳剂疫苗,产蛋下降综合征、新城疫、传染性支气管炎、传染性法氏囊病四联灭活油乳剂疫苗

于开产前接种下述一种疫苗,每只鸡皮下或肌内注射 0.5 毫升,可产生持久免疫力。

9. 慢性呼吸道病疫苗

常用单价灭活油乳剂疫苗,每只鸡皮下注射 0.5 毫升,用于预防慢性呼吸道病,一般在 6～8 周龄注射 1 次,严重地区在 18 周龄再注射 1 次。

10. 传染性鼻炎疫苗

常用单价灭活油乳剂疫苗,本疫苗用于种鸡和蛋鸡,每只鸡颈部

皮下注射0.5毫升，首免6～8周龄，二免12～16周龄或开产前进行，首免10～15天后产生免疫力。

也有传染性鼻炎、新城疫二联灭活油乳剂疫苗，用于预防传染性鼻炎和新城疫。

（三）接种疫苗应注意的问题

1.与消毒时间错开

在进行滴鼻、点眼、饮水、喷雾、滴口等免疫前后各24小时不要进行喷雾消毒和饮水消毒。饮水时最好使用无菌蒸馏水，免疫前断水2～3小时，不要使用氯气消毒的水，若使用自来水时要静置2小时，如果使用可疑的无菌蒸馏水，则应每10升水中加50克脱脂奶粉；含疫苗的水应在1小时内饮完，饮完之前不要添加任何水，使含疫苗的水成为免疫期间的唯一水源，不要使用铁质饮水器。

2.刺种后及时检查

翅膀下刺种鸡痘疫苗时，要避开翅静脉进行刺种，并且在免疫5～7天后观察刺种处有无红色小肿块，若有表示免疫成功，若无表明免疫无效；病毒性关节炎弱毒苗免疫部位也应出现小肿块，否则表明无效。

3.了解鸡群的健康状况

在免疫接种疫苗之前，必须了解鸡群健康情况，鸡在患病期间禁止接种疫苗。否则可能会在接种后引起发病率和死亡率的升高。

4.要结合鸡群的免疫计划

根据当地疾病流行情况、日龄和母源抗体水平制定合理的免疫程序，并根据免疫程序实施免疫计划。

5.合理控制疫苗剂量

疫苗免疫剂量应按照说明书上规定进行，不可过多或过少，否则均会影响免疫效果。

6.疫苗的选购与保存

购买疫苗时要先看好名称、批准文号、生产日期、包装剂量、生产场址等要符合《兽药标签和说明书管理办法》的规定，要用近期生产的新鲜疫苗，不要使用陈旧或过期疫苗或上批鸡未用完的疫苗，特别

是自己没有冰箱，疫苗放在亲戚或邻居家的冰箱里，又与冰冻的鱼肉放在一起，不如放在专业的供应商的冰柜里保险。因农村的电时常停，反复冻融会破坏疫苗的质量。

7. 减轻接种应激

疫苗接种前后3天内，饮水中应加抗应激类药品，如电解多维、延胡索酸等，以缓解鸡群接种疫苗产生的不良反应。

8. 油乳剂疫苗使用

(1)选择颈部皮下注射　首先颈部皮下自由活动区域大，注入疫苗后不影响头部的正常活动，而且吸收也比较均匀。注射时用左手捏着颈部下1/3和上2/3交界处皮肤，针头从上往下刺入，注完苗后，用手将口挤一下，避免疫苗外流，切勿将针头向上进针，以免引起肿大。

(2)油剂苗用前处理　使用前和使用中充分摇动均匀，并在用前使疫苗温度升至室温。疫苗有破乳现象、异物或杂质不宜使用。应在瓶开封后当日用完，残留的疫苗不要再用。使用疫苗前应详细了解鸡群健康状况，鸡群不健康不能使用本苗，只适合健康鸡群免疫。

9. 弱毒苗使用

弱毒苗使用前要先用生理盐水稀释均匀，使用过程中充分摇动。稀释后4小时内用完，剩余疫苗应当销毁。使用疫苗前应详细了解鸡群健康状况，不健康鸡群不能使用本苗，只适合健康鸡群免疫。

10. 接种后的处理

疫苗接种工作结束后应立即用清水洗手并消毒，用过的器具应进行严格消毒处理或深埋处理，不可乱扔乱放，避免活毒疫苗侵袭鸡群，造成危害。

(四)饮水免疫操作

饮水免疫省时省力，对乌骨鸡的不良刺激较小。但是，有许多因素会影响其应用效果，操作不当则免疫效果不佳。

1. 疫苗用量

与滴鼻相比，同样数量的鸡群疫苗用量要增加4～5倍，而且只有弱毒活疫苗才可以通过饮水方式免疫。

2. 疫苗稀释

用深井水或凉开水稀释疫苗，不能用自来水或浅层地下水及地表水。水温以20～25℃为宜。用水量为当天耗料量的30%左右，以使鸡群在加水后2小时左右能将疫苗水饮完。用水少会造成部分鸡饮用不足，用水多会使疫苗水在较长时间内饮不完而失效。

3. 饮水器具

饮用疫苗水之前应将水槽、饮水器等用清水擦拭冲洗干净，因为附着的污物会影响免疫效果。不能用消毒药水擦拭以免其壁上残留的消毒药杀死疫苗病毒。若是乳头式饮水器则应将水箱、水管内的水放尽再加疫苗水，并在疫苗水中添加适量的食用色素。

4. 断水

开始饮用疫苗水之前3小时左右（视气温、鸡周龄、供水方法而定），将饮水器具内水倒掉，让鸡干渴一段时间，以便加入疫苗水后鸡积极饮用。断水时间不宜过长，以免造成较强应激或出现暴饮。

5. 饮水效果检查

可在疫苗水中加入适量食用色素，疫苗水饮完后抽查部分鸡的口腔，看有无色素以判定饮水均匀度。对口腔无染色者（没饮到疫苗水）应隔离开再行接种。

6. 免疫接种与消毒

饮水免疫当天及前、后各1天应停止舍内的消毒，也不能在饮水中添加消毒药，以免疫苗病毒被杀灭而影响免疫接种效果。

7. 重复免疫

为了确保饮水免疫效果，可将疫苗分2次饮用，每天1次，连续2天，以提高鸡群饮用疫苗水的均匀性。

（五）免疫失败的原因

生产中有时接种某种疫苗后鸡群仍会发生该种疾病，尤其常见的如马立克病、鸡新城疫、传染性法氏囊炎等。这就是所谓的免疫失败，其原因有多方面，了解造成免疫失败的原因有助于采取预防措施。

1. 疫苗质量差

其原因可能是疫苗本身质量差，或是因为运输、保存不当而降低了疫苗质量，或是疫苗过了有效期。控制措施主要是选购优质疫苗（可提前向专家咨询），疫苗运输和保存中应满足其标签上注明的条件，不使用过期的疫苗。

2. 疫苗接种时机不当

疫苗接种的最佳时机应是当血清中抗体降至最低保护水平之前1周。当抗体水平高时接种疫苗则抗体会与疫苗病毒结合而使鸡体内抗体水平较长时期偏低，若抗体水平过低时才接种则在新的抗体产生达到保护水平之前鸡就可能被感染。

免疫程序是依据当时疾病流行情况及抗体消长规律制定的，应用时应结合本地的实际情况并向当地的兽医咨询。

3. 漏免

接种疫苗时因为鸡从笼内跑出、疫苗没有进入鸡体内都会使这些鸡漏免，以后它们都可能被感染发病。因此，接种疫苗前应将所有雏乌骨鸡归拢好，在接种过程中防止跑鸡，接种时确保疫苗到达有效部位。

4. 接种疫苗时鸡健康状况差

在鸡群体质较差时接种疫苗常出现免疫效果不理想（体内抗体水平达不到应有高度）的现象。因此，当鸡群健康状况不好时，应先解决健康问题，再接种疫苗。

5. 鸡营养状况不良

当鸡群处于营养不良状态时接种疫苗其效果也多不理想。接种疫苗前后各3天最好适量补加复合维生素（包括维生素C），这样有助于提高免疫效果。

6. 免疫方法不合适

活疫苗在稀释后进行接种过程中最好放在冰盒内以使其处于低温环境中，疫苗在稀释后1.5小时内尽可能用完。疫苗接种过程超过1小时后应适当加大接种剂量（尤其是马立克疫苗）。

7. 消毒管理不当

采用活疫苗滴鼻、点眼、饮水、浸喙法接种时及其前后较短时期内带鸡消毒可能会影响免疫效果。育雏室内外接雏乌骨鸡前消毒不严格，饲养管理过程中消毒不合理而使环境中有较多野毒存在也会影响免疫效果，如马立克疫苗接种后产生保护力约需10天，此前若鸡已感染野毒就可能在将来发病。

8. 稀释液不合乎要求

有些疫苗(如马立克疫苗)要用专用的稀释液稀释，有的疫苗要用蒸馏水或生理盐水稀释。若不按要求使用稀释液也会影响免疫效果。

9. 环境中存在强毒株

目前，已分离出的超强毒株包括许多类型，用常规的疫苗接种起不到足够的保护作用。

10. 雏乌骨鸡母源抗体水平不均匀

在这种情况不免疫接种，雏乌骨鸡产生的抗体水平也会不一致，有可能造成部分个体的免疫效果不好。

11. 疫苗之间相互干扰

不同疫苗接种时间间隔过短，或同一时间以不同的方式接种几种不同的疫苗，多种疫苗进入体内后，产生相互干扰，导致免疫失败。

12. 鸡群已经感染免疫抑制性疾病

乌骨鸡曾经感染传染性法氏囊炎、马立克病，破坏了免疫器官，造成免疫抑制。之后再接种其他疫苗难以产生理想的效果。

13. 疫苗的接种剂量控制不当

在一定限度内，体内主动免疫抗体水平会随抗原增加而增加，当接种剂量不足时就可能造成抗体水平偏低；但剂量过大，超过一定限度时，抗体的产生反而受到抑制，会出现所谓的“免疫麻痹”现象。

14. 疫苗选择不当

有些病的病原含有多个血清型，制备疫苗使用的毒株血清型与实际流行疾病的血清型不一致，也不能达到良好的保护效果，造成免疫失败。

(六)免疫程序

根据当地疫病流行情况、乌骨鸡群的机体状况(主要是指母源及后天获得的抗体消长情况)以及现有疫(菌)苗的性能,为使乌骨鸡机体获得稳定的免疫力,选用适当的疫苗,安排在适当的时间给其进行免疫接种,就称为免疫程序。

免疫程序不是一成不变的,应该根据本场的具体情况请有关专家进行调整。调整免疫程序时应考虑的内容有当地鸡疾病的流行情况及严重程度,鸡群母源抗体水平,上次接种后存余抗体的水平,鸡的免疫应答能力,疫苗的种类、特性、免疫期,免疫接种方法,各种疫苗接种的配合,免疫对鸡健康及生产能力的影响等。

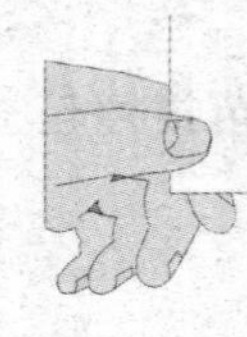

小知识

参考免疫程序一:

出壳当天:马立克疫苗皮下注射。

3～5 日龄:新一支多价(进口)疫苗点眼。

8～10 日龄:法氏囊炎疫苗滴口。

13～15 日龄:新一支多价点眼、新城疫油苗注射 0.3 毫升鸡痘刺种。

20 日龄:法氏囊炎疫苗滴口或饮水。

25 日龄:H5 流感疫苗,肌内注射 0.3 毫升/只。

30 日龄:新城疫疫苗(C30),2 倍量饮水。

40 日龄:传染性喉气管炎疫苗点眼(选用)。

45 日龄:H9 流感疫苗,肌内注射 0.5 毫升/只。

55～60 日龄:新城疫Ⅰ系苗(油苗选用),肌内注射 2 倍量。

75 日龄:H5 流感疫苗,肌内注射 0.5 毫升/只。

85 日龄:传染性鼻炎油苗,肌内注射 0.5 毫升(选用)。

90 日龄：新城疫—流感（Ⅵ—H52）二联油苗，肌内注射 0.5 毫升。

100 日龄：传染性喉气管炎（选择反应小的使用）点眼（选用）。

115 日龄：新城疫（Ⅰ系）3 倍量、鸡痘、新—支—减 0.5 毫升，注射。

125 日龄：流感（H5、H9）油苗，肌内注射各 0.5 毫升。

参考免疫程序二：

1 日龄：注射马立克疫苗。

7 日龄：H120 饮水或滴鼻。

10 日龄：Ⅱ系或Ⅳ苗滴鼻、点眼或饮水。

14 日龄：法氏囊苗滴鼻、点眼或饮水。

20 日龄：新、支、法（小三联）冻干苗饮水、小三联油苗肌内注射（0.3 毫升/羽）。

28 日龄：H5 流感疫苗，肌内注射 0.3 毫升/只。

35 日龄：鸡痘苗刺种（需两针约 0.01 毫升/羽）。

50 日龄：慢呼（鸡毒支原体）苗点眼。

60 日龄：H9 流感疫苗，肌内注射 0.5 毫升/只。

70 日龄：Ⅰ系苗、新城疫油苗同时肌内注射（0.5 毫升/羽）。

100 日龄：流感（H5、H9）油苗，肌内注射各 0.5 毫升。

110 日龄：注射大三联（新、支、减）苗（0.8 毫升/羽）。

120 日龄：注射鼻炎苗 0.5 毫升。

250 日龄：大三联油苗胸肌注射（0.8 毫升/羽）。

参考免疫程序三：

1 日龄：注射马立克疫苗首先用 CVI998，在出壳后 10～24 小时用完。同时，用新城疫Ⅳ系或新城疫Ⅳ＋H120 喷雾接种。

7 日龄：新城疫Ⅳ系苗＋肾支弱毒苗（HK）混合点眼滴鼻，也可用单苗分别应用，但应在一天使用，否则需间隔 7

天使用，以免影响新城疫免疫效果。

14日龄：法氏囊活苗2倍量饮水。

21日龄：新城疫Ⅳ系4倍量饮水。

25日龄：禽流感油苗肌内注射0.5毫升/只。30日龄：新城疫Ⅳ系＋传支H52，饮水或滴鼻传鼻油苗0.5毫升/只，支原体油苗皮下注射0.5毫升/只。

40日龄：传染性喉气管炎弱毒疫苗滴眼。

60日龄：注射新城疫双价油苗。

90日龄：鸡传鼻油苗皮下注射0.5毫升/只，鸡痘苗100倍稀释，皮下刺种2针。

100日龄：传染性脑脊髓炎弱毒苗饮水或油苗注射，注射禽流感油苗0.5毫升/羽。

110日龄：喉气管炎毒苗点眼，支原体油苗0.5毫升/只。

以上3个参考免疫程序是种用乌骨鸡使用的，如果饲养的是商品乌骨鸡，则根据饲养日龄按照上述程序接种相应疫苗，只是需要注意出栏前4周不必接种活疫苗，出栏前6周不必接种油乳剂灭活苗。

五、合理使用药物

乌骨鸡养殖过程中有些疾病如细菌性传染病、寄生虫病等可以使用药物进行预防和治疗。但是，需要注意有些药物是禁止使用的。

（一）药物使用方法

乌骨鸡生产中为防治疾病所使用的给药方法分为群体给药法和个体给药法两类，群体给药法有混饲给药、饮水给药、气雾给药，个体给药法则有口服给药、注射给药等。

1. 混饲给药

混饲给药是当前乌骨鸡生产中最常用的一种给药方法。方法是将药物均匀混入饲料中，让鸡在吃料的同时也吃进药物。该法简便易行，适用于长期投药。对于预防性给药或鸡群患病但是食欲未大幅度下降的情况下使用这种给药方法比较好。使用该法时，应注意以下几方面。

（1）准确掌握混饲浓度　药量过小产生不了药效，药量过大造成药物浪费，甚至发生中毒。因此，在进行混料之前，应根据已确定的混饲浓度和混料量，认真计算出所需药量，并准确称量后再混合。如果按鸡的每千克体重给药，应严格按照鸡的体重，计算出总药量，按要求把药物拌进全群鸡一天所需采食的料内。

（2）确保药物与饲料混合均匀　在药物与饲料混合时，必须搅拌均匀，特别是一些安全范围小或用量少的药物，一定要混合均匀。如果混合不匀，不仅影响药效，而且会导致严重中毒。为了保证药物混合均匀，通常采用分级混合法，即把全部用量的药物加到少量饲料中，充分混合后，再加到一定量饲料中，再充分混匀，然后再拌入所需的全部饲料中。大批量饲料混药更需多次逐级扩充，以达到充分混匀的目的。切忌把全部药量 1 次加入到所需饲料中，这样由于混合不匀，会造成部分鸡食入药物过多而中毒，大部分鸡吃不到药物而达不到防治疾病的目的，甚至贻误病情。

（3）密切注意不良反应　有些药物混入饲料后，可与饲料中的某些成分发生反应而影响药效或产生有害作用。这时应密切注意不良反应，尽量减少不良反应的发生。如饲料中长期添加磺胺类药物，容易引起鸡维生素 B 和维生素 K 缺乏，此时应适当补充这些维生素。

2. 饮水给药

饮水给药也是比较常用的给药方法之一，是指将药物溶解于乌骨鸡的饮水中，让鸡自由饮用，在饮水的同时，饮入药物发挥药效。此法可用于预防或治疗鸡病，尤其适用于因病不能采食，但还能饮水的鸡，但所用药物必须是水溶性的。饮水给药应注意以下几个问题。

（1）给药前停饮一段时间　对于一些在水中稳定，不易被破坏的药物，可以加入饮水中，让鸡长时间自由饮用。而对于一些容易被破坏或失效的药物如强力霉素、疫苗等，则要求全群鸡在一定时间内都饮入定量的药物，以保证药效。为达此目的，用药前让整个鸡群停止饮水一段时间。一般冬季停水3～4小时，其他季节停饮1～2小时，然后换上药水，让鸡在一定时间内饮入充足的药水。

(2)认真计算给水量　为了保证全群内绝大部分鸡在一定时间内都喝到一定量的饮水，不至于由于剩水过多造成饮入鸡体内的药量不足，或者由于供水不足，饮水不均，有些鸡缺水，有些鸡饮水过多，就应该严格掌握每只鸡1次的饮水量，再计算全群饮水量，用一定系数加权后，确定全群给水量，然后按照混饲浓度，准确计算用药量，把所需药量加到饮水中以保证药效。因饮水量的多少与鸡的品种、日龄、季节以及舍内温度、湿度、饲料性质、饲养方法等因素密切相关，所以不同鸡群的饮水量不尽相同。

(3)合理使用药物　一般来说，饮水给药主要适用于易溶于水的药物，对于一些不易溶于水的药物或在水中易被破坏的药物，需采取相应措施，以保证疗效。如适当加热、加助溶剂或及时搅拌等方法，促进药物溶解。另外，为了避免药物的副作用，更好地促进药物溶解和促进药物发挥药效，还应注意一些常识。如使用活疫苗饮水免疫时，不应该使用含有漂白粉的饮水，不宜用金属饮水器。在饮水中加入0.5％脱脂奶粉可提高疫苗的免疫效果。

3.气雾给药

气雾给药是指将药物以气雾剂的形式喷出，使之分散成微粒，弥散到空气中，让鸡通过呼吸道吸入而在呼吸道发挥局部作用，或使药物经肺泡吸收进入血液而发挥全身治疗作用，或直接作用于鸡的羽毛及皮肤黏膜的一种给药方法。此法操作简单、产生药效快，但需要一定的雾化设备，且鸡舍门窗密闭性好。气雾吸入要求没有刺激性，且药物应能溶解于呼吸道的分泌液中，否则会引起呼吸道炎症。使用气雾给药应注意以下事项。

(1)恰当选择气雾用药　为了充分发挥气雾给药的优点，应恰当选择所用药物。并不是所有的药物都可用气雾给药，可用于气雾给

药的药物应无刺激性，易溶于水。对于有刺激性的药物不能经气雾给药。同时，还应根据用药目的不同，选择吸湿性不同的药物。若欲使药物作用于肺部，应选择吸湿性较差的药物，而欲使药物主要作用于上呼吸道，就应选择吸湿性较强的药物。

(2)准确掌握用药剂量　在应用气雾给药时，不能随意套用拌料或饮水给药浓度。为了确保用药效果，在给药前应根据鸡舍空间的大小，所用气雾设备的要求，准确计算用药剂量，以免过大或过小而影响药效。

(3)严格控制雾粒大小　雾粒直径的大小与用药效果有直接关系。气雾微粒越细，越容易进入肺泡内；气雾微粒越大，越不易进入鸡的肺部，容易停留在鸡的上呼吸道黏膜。若微粒过大，还容易引起鸡的上呼吸道炎症。因此，应根据用药的目的，适当调节气雾微粒的直径。大量试验证实，进入肺部的微粒直径以 0.5～5 微米最合适。

4. 口服给药法

口服药物是将药物填入乌骨鸡的口腔内让其吞咽或将药液通过管子注入食管内，经胃肠吸收后作用于全身，或停留在胃肠道发挥局部作用。其优点是操作比较简便，适合大多数药物。使用时注意可损伤胃肠黏膜的药物不能口服；能被消化液破坏的药物，也不宜口服。在投喂溶液剂时药量不宜过多，必要时可采用胶管直接插入食管，防止药物进入气管，导致异物性肺炎或使鸡窒息死亡。

5. 注射给药法

注射法包括皮下注射、肌内注射、静脉注射、腹腔注射等数种，其中皮下注射和肌内注射最常用。优点是吸收快而完全，剂量准确，可避免消化液的破坏。不宜口服的药物，大多可以注射给药。注射给药时，应注意注射器的消毒，最好 1 只鸡 1 个针头，切忌 1 个针头用到底。

(1)皮下注射　是预防接种时最常用的方法之一，该法操作简单，药物容易吸收。可采用颈部皮下、胸部皮下和腿部皮下等部位注射。皮下注射时药量不宜过大，且应无刺激性。注射的具体方法是由助手抓鸡或者术者左手抓鸡，并用拇指、食指掐起注射部位的皮肤，右手持注射器沿皮肤皱褶处刺入针头，然后推入药液。

(2)肌内注射　也是常用的给药方法之一。其特点是药物吸收快、药效稳定。可在预防或治疗鸡的各种疾病时使用。常用的注射部位有胸部肌肉和大腿外侧肌肉。注射时应使针头与肌肉表面呈35°～50°进针，不可垂直刺入，以免刺伤大血管或神经，特别是胸部肌内注射时更应谨慎操作，切不要使针头刺入胸腔或肝脏，以免造成伤亡。在使用刺激性药物时，应采用深部肌内注射。

(四)常用药物及使用方法

乌骨鸡生产中的常用药物及使用方法，见表7－1。

表7－1　乌骨鸡饲养中的常用药物及使用方法

药物名称	别名及主要用途	用法与用量	注意事项
青霉素G	青霉素、氨苄青霉素 抗菌药物	肌内注射：5万～10万国际单位/千克体重	与四环素等酸性药物及磺胺类药有配伍禁忌
氨苄青霉素	氨苄西林、氨比西林 抗菌药物	拌料：0.02%～0.05% 肌内注射：25～40毫克/千克体重	同青霉素G
阿莫西林	羟氨苄青霉素 抗菌药物	饮水或拌料：0.02%～0.05%	同青霉素G
头孢曲松钠	抗菌药物	肌内注射：50～100毫克/千克体重	与林可霉素有配伍禁忌
头孢氨苄	先锋霉素Ⅳ 抗菌药物	口服：35～50毫克/千克体重	同头孢曲松钠
头孢唑啉钠	先锋霉素Ⅴ 抗菌药物	肌内注射：50～100毫克/千克体重	同头孢曲松钠
头孢噻呋	抗菌药物	肌内注射：0.1毫克/只	用于1日龄雏鸡

续表

药物名称	别名及主要用途	用法与用量	注意事项
红霉素	抗菌药物	饮水：0.005%～0.02% 拌料：0.01%～0.03%	不能与莫能菌素、盐霉素等抗球虫药合用
罗红霉素	抗菌药物	饮水：0.005%～0.02% 拌料：0.01%～0.03%	与红霉素存在交叉耐药性
泰乐菌素	泰农 抗菌药物	饮水：0.005%～0.01% 拌料：0.01%～0.02% 肌内注射：30 毫克/千克体重	不能与聚醚类抗生素合用。注射用药反应大，注射部位坏死，精神沉郁及采食量下降 1～2 天
替米考星	抗菌药物	饮水：0.01%～0.02%	产蛋鸡禁用
螺旋霉素	抗菌药物	饮水：0.02%～0.05% 肌内注射：25～50 毫克/千克体重	
北里霉素	吉他霉素、柱晶白霉素 抗菌药物	饮水：0.02%～0.05% 拌料：0.05%～0.1% 肌内注射：30～50 毫克/千克体重	产蛋期禁用
林可霉素	洁霉素 抗菌药物	饮水：0.02%～0.03% 肌内注射：20～50 毫克/千克体重	最好与其他抗菌药物联用以减缓耐药性产生，与多黏菌素、卡那霉素、新生霉素、青霉素 G、链霉素、复合维生素 B 等药物有配伍禁忌
泰妙灵	支原净 抗菌药物	饮水：0.0125%～0.025%	不能与莫能菌素、盐霉素、甲基盐霉素等聚醚类抗生素合用

续表

药物名称	别名及主要用途	用法与用量	注意事项
杆菌肽	抗菌药物	拌料:0.004% 口服:100～200 国际单位/只	对肾脏有一定的毒副作用
多黏菌素 E	黏菌素、抗敌素 抗菌药物	口服:3～8 毫克/千克体重 拌料:0.002%	与氨茶碱、青霉素G、头孢菌素、四环素、红霉素、卡那霉素、维生素 B_{12}、碳酸氢钠等有配伍禁忌
链霉素	抗菌药物	肌内注射:5 万～10 万国际单位/千克体重	雏禽和纯种外来禽慎用
庆大霉素	抗菌药物	饮水:0.01%～0.02% 肌内注射:5～10 毫克/千克体重	与氨苄青霉素、头孢菌素类、红霉素、磺胺嘧啶钠、碳酸氢钠、维生素 C 等药物有配伍禁忌
卡那霉素	抗菌药物	饮水:0.01%～0.02% 肌内注射:5～10 毫克/千克体重	尽量不与其他药物配伍使用。与氨苄青霉素、头孢曲松钠、磺胺嘧啶钠、氨茶碱、碳酸氢钠、维生素 C 等有配伍禁忌
阿米卡星	丁胺卡那霉素 抗菌药物	饮水:0.005%～0.01% 拌料:0.01%～0.02% 肌内注射:5～10 毫克/千克体重	与氨苄青霉素、头孢唑啉钠、红霉素、新霉素、维生素 C、氨茶碱、盐酸四环素类、地塞米松、环丙沙星等有配伍禁忌

续表

药物名称	别名及主要用途	用法与用量	注意事项
新霉素	抗菌药物	饮水:0.01%～0.02% 拌料:0.02%～0.03%	
壮观霉素	大观霉素、速百治 抗菌药物	肌内注射:7.5～10毫克/千克体重 饮水:0.025%～0.05%	蛋鸡产蛋期禁用
安普霉素	阿普拉霉素 抗菌药物	饮水:0.025%～0.05%	
土霉素	氧四环素 抗菌药物	饮水:0.02%～0.05% 拌料:0.1%～0.2%	与丁胺卡那霉素、氨茶碱、青霉素G、氨苄青霉素、头孢菌素类、新生霉素、红霉素、磺胺嘧啶钠、碳酸氢钠等药物有配伍禁忌。剂量过大对孵化率有不良影响
强力霉素	多西环素、脱氧土霉素 抗菌药物	饮水:0.01%～0.05% 拌料:0.02%～0.08%	同土霉素
四环素	抗菌药物	饮水:0.02%～0.05% 拌料:0.05%～0.1%	同土霉素
金霉素	抗菌药物	饮水:0.02%～0.05% 拌料:0.05%～0.1%	同土霉素
甲砜霉素	甲砜氯霉素、硫霉素 抗菌药物	饮水或拌料:0.02%～0.03% 肌内注射:20～30毫克/千克体重	与庆大霉素、新生霉素、土霉素、四环素、红霉素、林可霉素、泰乐菌素、螺旋霉素等有配伍禁忌

续表

药物名称	别名及主要用途	用法与用量	注意事项
氟苯尼考	氟甲砜霉素 抗菌药物	肌内注射：20～30毫克/千克体重	
氧氟沙星	氟嗪酸 抗菌药物	饮水：0.005%～0.01% 拌料：0.015%～0.02% 肌内注射：5～10毫克/千克体重	与氨茶碱、碳酸氢钠有配伍禁忌。与磺胺类药合用，加重对肾的损伤
恩诺沙星	抗菌药物	饮水：0.005%～0.01% 拌料：0.015%～0.02% 肌内注射：5～10毫克/千克体重	同氧氟沙星
环丙沙星	抗菌药物	饮水：0.01%～0.02% 拌料：0.02%～0.04% 肌内注射：10～15毫克/千克体重	同氧氟沙星
达氟沙星	单诺沙星 抗菌药物	饮水：0.005%～0.01% 拌料：0.015%～0.02% 肌内注射：5～10毫克/千克体重	同氧氟沙星
沙拉沙星	抗菌药物	饮水：0.005%～0.01% 拌料：0.015%～0.02% 肌内注射：5～10毫克/千克体重	同氧氟沙星
敌氟沙星	二氟沙星 抗菌药物	饮水：0.005%～0.01% 拌料：0.015%～0.02% 肌内注射：5～10毫克/千克体重	同氧氟沙星

续表

药物名称	别名及主要用途	用法与用量	注意事项
氟哌酸	诺氟沙星 抗菌药物	饮水：0.01%～0.05% 拌料：0.03%～0.05% 同氧氟沙星	
磺胺嘧啶	抗菌药物 抗球虫药 抗卡氏白细胞虫药	饮水：0.1%～0.2% 拌料：0.2%～0.4% 肌内注射：40～60毫克/千克体重	不能与拉沙菌素、莫能菌素、盐霉素配伍。产蛋鸡慎用。本品最好与碳酸氢钠同时使用
磺胺二甲基嘧啶	菌必灭 抗菌药物、抗球虫药、抗卡氏白细胞虫药	饮水：0.1%～0.2% 拌料：0.2%～0.4% 肌内注射：40～60毫克/千克体重	同磺胺嘧啶
磺胺甲基异噁唑	新诺明 抗菌药物、抗球虫药、抗卡氏白细胞虫药	饮水：0.03%～0.05% 拌料：0.05%～0.1% 肌内注射：30～50毫克/千克体重	同磺胺嘧啶
磺胺喹噁唑	抗菌药物、抗球虫药、抗卡氏白细胞虫药	饮水：0.02%～0.05% 拌料：0.05%～0.1%	同磺胺嘧啶
二甲氧苄氨嘧啶	敌菌净 抗菌药物、抗球虫药、抗卡氏白细胞虫药	饮水：0.01%～0.02% 拌料：0.02%～0.04%	常与磺胺类药或抗生素按1∶5比例使用，可提高抗菌甚至杀菌作用。不能与拉沙霉素、莫能菌素、盐霉素等抗球虫药配伍。产蛋鸡慎用。最好与碳酸氢钠同时使用

续表

药物名称	别名及主要用途	用法与用量	注意事项
三甲氧苄氨嘧啶	抗菌药物 抗球虫药、抗卡氏白细胞虫药	饮水:0.01%～0.02% 拌料:0.02%～0.04%	常与磺胺类药或抗生素按1∶5比例使用,可提高抗菌甚至杀菌作用。与拉沙菌素、莫能菌素、盐霉素等抗球虫药有配伍禁忌。产蛋鸡慎用。本品不能与青霉素、维生素 B_1、维生素 B_6、维生素C联合使用
痢菌净	乙酰甲喹 抗菌药物	拌料:0.005%～0.01%	毒性大,务必拌匀。连用不能超过3天
制霉菌素	抗真菌药物	治疗曲霉菌病:1万～2万国际单位/千克体重量	
莫能菌素	欲可胖、牧能菌素 抗球虫药物	拌料:0.009 5%～0.012 5%	能使饲料适口性变差以及引起啄毛。产蛋鸡禁用。肉用鸡在宰前3天停药
盐霉素	优素精、球虫粉、沙利霉素 抗球虫药物	拌料:0.006%～0.007%	产蛋鸡禁用。本品能引起鸡的饮水量增加,造成垫料潮湿
拉沙菌素	球安 抗球虫药	拌料:0.009 5%～0.012 5%	引起水量增加,引起垫料潮湿。产蛋鸡禁用。肉用鸡在宰前5天停药

续表

药物名称	别名及主要用途	用法与用量	注意事项
马杜霉素	加福、抗球王 抗球虫药物	拌料:0.000 5%	拌料不匀或剂量过大引起鸡瘫痪。肉用鸡宰前5天停药。产蛋鸡禁用
氨丙啉	安乐宝 抗球虫药物	饮水或拌料:0.012 5%～0.025%	因能防碍维生素 B_1 吸收,因此使用时应注意维生素 B_1 的补充。过量使用会引起轻度免疫抑制。肉鸡应在宰前10天停药
尼卡巴嗪	球净、加更生 抗球虫药物	拌料:0.012 5%	会造成生长抑制,蛋壳变浅色,受精率下降,因此产蛋鸡禁用。肉鸡应在宰前4天停药
二硝托胺	球痢灵 抗球虫药物	拌料:0.012 5%～0.025%	0.012 5%球菌灵与0.005%洛克沙生联用有增效作用
氯苯胍	罗本尼丁 抗球虫药物	拌料:0.003%～0.004%	可引起肉鸡肉品和蛋鸡的蛋有异味,所以产蛋鸡一般不宜使用,肉鸡应在宰前7天停药
地克珠利	杀球灵、伏球、球必清 抗球虫药物	拌料或饮水:0.000 1%	产蛋鸡禁用。肉用鸡在宰前7～10天停药

续表

药物名称	别名及主要用途	用法与用量	注意事项
妥曲珠利	百球清 抗球虫药物	拌料或饮水:0.002 5%	产蛋鸡禁用。肉用鸡在宰前 7～10 天停药
常山酮	速丹 抗球虫药物	拌料:0.000 2%～0.000 3%	0.000 9%速丹可影响鸡生长
二甲硝咪唑	地美硝唑、达美素 抗滴虫药物、抗菌药物	拌料:0.02%～0.05%	产蛋鸡禁用
甲硝唑	灭滴灵 抗滴虫药物、抗菌药物	饮水:0.01%～0.05% 拌料:0.05%～0.1%	剂量过大会引起神经症状
左旋咪唑	驱线虫药	口服:24 毫克/千克体重	
丙硫苯咪唑	阿苯达唑、抗蠕敏 驱消化道蠕虫药	口服: 30 毫克/千克体重 鸭: 25 毫克/千克体重	
阿维菌素	驱线虫、节肢动物药物	拌料:0.3%毫克/千克体重;皮下注射:0.2 毫克/千克体重	
伊维菌素	驱线虫、节肢动物药物	拌料:0.3%毫克/千克体重;皮下注射:0.2 毫克/千克体重	
阿托品	有机磷中毒解救药	肌内注射:0.1～0.5 毫克/千克体重	剂量过大会引起中毒

续表

药物名称	别名及主要用途	用法与用量	注意事项
维生素 K_3	维生素添加剂，球虫病辅助治疗药物	拌料：0.000 3%～0.000 5% 肌内注射：0.5～2 毫克/千克体重	长期应用对肾有一定的损害
碳酸氢钠	磺胺药中毒解救药及减轻酸中毒	饮水：0.01% 拌料：0.1%～0.2%	

注：摘自“爱畜牧”网。另外，更注意市售药物的名称与本表中药物名称可能不同，使用时要按产品使用说明执行。

小知识

药物使用应注意的问题

1. 鸡群发病后及时确诊

正确使用兽药的前提是要对疾病正确诊断，即对症治疗才能起到最佳效果。如果不能确诊疾病，治疗时多种药物混合使用，缺乏针对性，不该用的也用，这样效果肯定不会理想，尽管有时可能多少有点效果，但是增加了不必要的药费，给养殖户加重了经济负担。

2. 药物治疗要与饲养管理相结合

药物的作用是有一定限度的，而疾病的发生都是有原因的，不考虑发病的原因，过分依靠药物，治疗也不会彻底。

有些疾病如大肠杆菌病、球虫病等，可以说是一种条件

性疾病，它们的发生与饲养密度太大、卫生条件差、通风不良等密切相关，发病后若只依赖药物的作用而不消除其致病因素，则不会有理想的治疗效果。再如由于饲料突然改变，或饲料质量太差等导致的鸡拉稀，单纯用药则效果不明显。还有鸡的啄羽、啄肛等啄癖，往往也有原因，如果光线太强、饲养密度过大、饲料中缺乏含硫氨基酸或粗纤维太少等，若单纯用药物治疗，不考虑致病原因，也无法根治。

3. **要了解药物特性**

了解药物的性能特点、主治、使用方法和剂量等特性，才能充分发挥药物的作用。

不同的疾病在治疗时用药的剂量、疗程、投药方式等应灵活掌握。药物的剂量是指对疾病产生一定疗效的药量，通常是指防治疾病的用量。因为药物要有一定的剂量被机体吸收后，才能达到一定的药物浓度，只有达到一定的药物浓度才能发挥有效作用。用药剂量太小，达不到治病的目的，剂量过大不但造成浪费，还会因过量使用而使病原微生物产生耐药性或导致机体中毒。

一种疾病早期治疗和晚期治疗时的药量、疗程、效果也不一样，治疗越早效果越好，费用也越省。

由于不同药物的吸收程度不同，因此，在治疗时不同的投药途径会影响治疗效果，如有的药物不容易吸收，若饮水投药则影响治疗效果，注射给药则会有不错的效果。

4. **了解药物的配伍禁忌**

有的养殖户为了提高治疗效果，随便将几种药物混合在一起，不但增加费用，有时使药物失效或产生毒、副作用，降低疗效或出现药物中毒。在此，建议在使用治疗药物的基础上可以适量使用中药调理，以达到标本兼治的目的。

5. **避免药物中毒的发生**

治疗时由于效果不理想，总认为是药量太小，因此盲目加大用量，如对磺胺类药及某些抗菌药随便加大剂量往往会出现鸡中毒，有时是将几种成分相同但商品名不同的药物同时使用而导致中毒。

6. **药物要正确保存**

防止受潮、高温等，以免药物失效。超出有效期的药因效价降低或失效，不要使用。

7. **注意鸡群特点**

某些药物不宜用于产蛋期的种鸡群，否则会影响产蛋量、蛋品质量及孵化效果。商品肉用乌骨鸡在上市前10～15天就应停止喂饲抗菌药物，以减少乌骨鸡体内药物残留。

8. **结合药物敏感试验选择药物**

很多细菌性疾病在某个时期选用某种抗菌药物的效果很好，但是经过一段时期后再使用这种药物可能就达不到理想的效果，这是长期使用一种药物后细菌产生了耐药性。通过对本场病料的采集，进行细菌培养后进行药物敏感试验。使用细菌敏感性强的药物是最好的方法。

六、做好污物的无害化处理

（一）鸡粪的无害化处理

乌骨鸡场内每天都会产生一定数量的粪便，而粪便中可能有大量的微生物、寄生虫或虫卵，这些都可能成为鸡场内的污染源，如果没有得到合理的处理就可能会感染鸡群。此外，粪便管理不当会带来一系列问题，如苍蝇大量滋生、老鼠增多、空气中微生物及有害气体含量升高、肥效损失、环境污染等。

养鸡场(户)在鸡粪的处理方面应考虑以下几个方面的问题:

1.有合适的堆放处

鸡粪从舍内清出后要定点堆放,不能随便放置。堆放处最好是在场外,若在场内则应离鸡舍稍远,离人员活动处稍远。堆放处要求地面硬化以防止粪水下渗,要搭设顶棚以免下雨后稀粪到处流淌,四周应砌设1～1.5米高的墙以围住粪便不到处流,见图7-7。

图7-7 鸡粪堆放

2.堆积发酵处理(图7-8)

农户养乌骨鸡规模相对较小,每次清粪后将鸡粪堆积于地头或墙边,若粪便较稀则可加入适量草秸,然后用草泥将其糊严,约经2周粪堆中温度可达70℃左右。经发酵处理后的鸡粪不仅其中的病原体被杀灭,也提高了肥效。也可将鸡粪装入编织袋中扎紧口,经过2～3周的堆放也可起到发酵作用,且便于存放、施用,适于农户小规模养鸡使用,尤其是混有垫草的粪便含水率较低,这样处置的效果更好。

图 7-8 鸡粪堆积发酵

3. 消毒与杀虫

粪便清出后堆放期间应定期在其表面喷施杀虫剂或消毒剂，尤其在春末至深秋，以控制昆虫的滋生和微生物繁殖。

4. 烘干

使用专门的鸡粪烘干设备处理，能使粪便中水分降至35%以下，有利于保存、运输，同时也杀死了病原体和虫卵，见图 7-9。

图 7-9 鸡粪烘干处理

(二)病死乌骨鸡的无害化处理

在饲养乌骨鸡生产过程中不可避免地会出现死鸡，这些死鸡中有相当一部分是因病死亡的。病死鸡的体内及羽毛上附着有大量的病原微生物，若不能合理处理则会造成病原体的扩散，增加鸡群感染的概率。

1. 死鸡要定点放置

在每天的饲养管理操作和鸡群观察时发现死鸡后应及时从笼中或圈内提出，在舍外定点放置以待兽医检查。放置点应远离饲料存放处，最好放在盛有生石灰的木盒内。要求这些病死鸡不对周围环境尤其是饲料、饮水及常用工具造成污染，能够防止苍蝇、老鼠等接近。

2. 定点剖检

鸡场技术人员解剖死鸡应在实验室内进行，也可在远离鸡舍的偏僻角落处进行。不能在鸡舍内或鸡舍、料库周围进行，以免病原体到处扩散。

3. 合理处理病死鸡

病死鸡不能供场内职工食用，也不应该卖给鸡贩子或饭店，食用病死鸡会对人的健康产生不良影响。也不应该喂狗或喂猪。病死鸡应在固定地点挖坑深埋并在表面泼洒消毒药，也可焚烧，也可经高温煮沸 2 小时后喂给其他动物，也可进行发酵处理。

生产中常见将死鸡卖给鸡贩子或到处浅层掩埋(易被鼠、狗等翻出)是一种不良现象，是广大农村鸡病难以控制的重要原因。

七、主要病毒性传染病的防治

病毒性传染病主要是通过接种疫苗和改善生产条件进行预防，鸡群一旦感染以后治疗效果多数不理想。而且，国家规定在畜禽生产中不能使用抗病毒药物，这给此类传染病的治疗带来更大的可能。因此，必须把预防工作放在首位。

乌骨鸡一旦感染了病毒性传染病其控制原则：一是加强隔离，其他鸡舍人员不能靠近患病鸡舍、各种工具不能混用，病鸡舍饲养员不能与其他鸡舍人员接触；二是加强消毒，每天对鸡舍内外进行消毒以尽可能将病鸡排出的病毒杀灭；三是被动免疫，有的传染病如新城疫、法氏囊炎等有特制抗体，在确诊后可以逐只注射；四是防治继发

感染，可以使用抗生素预防病鸡群继发感染细菌性疾病；五是增强机体的免疫力，如增加复合维生素、电解质的用量，随同抗生素一起注射黄芪多糖或干扰素等；六是及时对病死鸡和重症个体进行无害化处理；七是可以试用中药抗病毒药物进行辅助治疗；八是及时上报疫情，如果是烈性传染病则应按照当地畜牧主管部门的要求进行扑杀和隔离。

（一）新城疫

新城疫俗称鸡瘟，病原新城疫病毒，是乌骨鸡生产中很常见的一种传染病。

【流行特点】本病不分品种、日龄和性别，均可发生。本病经消化道、呼吸道感染，当乌骨鸡抵抗力低时可使80%以上的鸡感染，90%以上的病鸡死亡和淘汰。本病一年四季均可发生，尤以寒冷和气候多变季节多发。有些鸡场每群鸡在整个饲养周期内虽多次免疫，但仍有发生，就是说免疫过的鸡群也可以发生新城疫，而且在发生特点上有了新的变化。各种日龄的乌骨鸡都可发生，但30～50日龄的鸡群多发，这是本病的高发日龄段。目前，本病发生的特点主要表现为发病率不高，临床表现不明显，病理变化不典型，死亡率低，但在鸡群内会经常性地零星发生。这些特点随着乌骨鸡日龄的增加而更为突出，这就是人们常说的非典型性新城疫。

【症状和病变】本病的临床表现变化较大。当鸡群免疫力较低而发生本病时，其临床表现比较典型，发病率高，死亡较多。一般是多数鸡精神沉郁，食欲减退或不吃，呼吸困难，张口呼吸，喉部发出“咯咯”声，拉黄绿色或黄白色稀粪，嗉囊积液，病的后期常有神经症状，病鸡受刺激时表现歪头、扭颈、转圈等。

剖检见腺胃乳头出血、溃疡，整个肠道的黏膜有卡他性炎症，出血明显。在肠道表面可见多处有呈枣核状的紫红色变化，如将此处肠道剪开，可在肠黏膜表面见到呈枣核状、略突出于肠黏膜表面、紫红色的出血、坏死。盲肠扁桃体肿大、出血、坏死、溃疡。直肠和泄殖腔黏膜出血较明显。成年乌骨鸡除上述变化外，可见卵巢充血、出血。

当免疫鸡群由于多种因素造成群体免疫力不均衡而发生非典型性新城疫时，临床表现因日龄不同而在程度上有所差别。在育雏和育成阶段发生时，首先表现的是呼吸道症状，夜间可听见鸡群有明显的异常呼吸音。有的鸡呼吸困难，伸颈张口喘气。有时在呼吸道症状出现不久即有以神经症状为主的病鸡出现。病鸡下痢，食欲减退。发病后 2～3 天，死亡增加，并与日俱增，大约 1 周后死鸡数量开始下降。当鸡群好转后仍有神经症状的鸡出现并可延续 1～2 周，死亡率达 15%～25%。成年产蛋鸡群发病时，症状较轻，主要表现为呼吸道症状和少数神经症状，但产蛋量明显下降，蛋壳颜色变浅，蛋壳表面粗糙，软壳蛋增多，有少量鸡死亡。有的成年鸡群发病没有明显的临床表现，鸡死亡数也在正常范围内，唯一的表现就是产蛋量的突然下降，软壳蛋增多，用Ⅳ系或克隆 30 疫苗免疫后经 2 周左右，产蛋量开始回升，并接近原来的水平。

非典型性新城疫病死鸡的病理剖检变化不典型而且轻微。腺胃与食管、腺胃与肌胃交界处多不见变化，腺胃乳头出血也很少见到，即便有出血数量也很少，必须多剖检几只病死鸡才能看到。肠道与盲肠扁桃体的变化不及典型性新城疫那样有明显的特征，一经发现则具有较高的诊断价值。直肠与泄殖腔黏膜的出血常见。有些在卵黄蒂的前后部肠壁上出现枣核样出血、肿胀。成年乌骨鸡发生非典型性新城疫时，病死鸡的病理变化更不明显，有时肉眼见不到明显的变化。有的乌骨鸡却表现出其他疾病(如鸡白痢、鸡大肠杆菌病等)的变化，这是继发性感染所致。

总之，作为临床诊断，除根据上述流行特点、临床表现和病理剖检变化进行综合分析判断之外，还需了解鸡群最后一次免疫时间以及与前一次免疫时间之间的间隔，使用的疫苗种类和免疫方法。仅用活疫苗而且使用饮水免疫方法，前两次免疫间隔过长或延误了两次免疫的时间，往往是鸡群发生新城疫的客观因素。

实验室诊断可分离鸡新城疫病毒或采发病前和发病后 15 天的鸡血检查新城疫抗体效价。如抗体效价升高 4 倍以上或效价差异很大，都可认为鸡群有新城疫发生。

【防治措施】平时高度警惕病原侵入鸡群，合理做好预防接种工作。最好在抗体监测基础上，用弱毒苗和油苗结合免疫。推荐以下免疫程序供参考：

商品乌骨鸡：可在 7～10 日龄用新城疫（Ⅱ系或 Lasota 系）-传染性支气管炎（H120）二联苗点眼和滴鼻；25 日龄用新城疫（Lasota 系）-传染性支气管炎（H52）二联苗饮水、滴鼻或气雾免疫，也可用新城疫Ⅰ系肌内注射；50～60 日龄用新城疫油苗肌内注射。

种乌骨鸡：①7 日龄用新城疫（Lasota 系）-传染性支气管炎（H120）二联苗滴鼻、点眼；20～30 日龄用新城疫（Lasota 系）-传染性支气管炎（H52）二联苗饮水或滴鼻，同时注射鸡新城疫-肾型传染性支气管炎二联油苗；根据抗体监测结果，如在 70～90 日龄抗体偏低，可用新城疫 Lasota 系气雾或饮水免疫；120 日龄左右用新城疫-传染性支气管炎-减蛋综合征三联油苗注射；开产后根据抗体监测结果（一般每月检查 1 次），一般每隔 2 个月用新城疫（Lasota 系）-传染性支气管炎（H52）二联苗饮水或气雾免疫 1 次。②7～10 日龄用新城疫（Lasota 系）-传染性支气管炎（H120）二联苗滴鼻、点眼，同时注射新城疫油苗；然后每月检查 1 次抗体效价，发现抗体偏低时可用新城疫（Lasota 系）疫苗气雾或饮水免疫；120 日龄左右用新城疫-传染性支气管炎-减蛋综合征三联油苗注射；开产后免疫同①。③7～10 日龄首免，方法同①；25 日龄新城疫（Lasota 系）-传染性支气管炎（H52）二联苗气雾或饮水免疫；60 日龄新城疫Ⅰ系注射；120 日龄及开产后免疫同①。④对个体养鸡户，多采用 7～10 日龄首免，方法同①；20～30 日龄再次免疫，方法同①；60～70 日龄新城疫Ⅰ系肌内注射；120 日龄注射新城疫-传染性支气管炎，减蛋综合征三联油苗，另侧注射新城疫Ⅰ系疫苗；开产后每 2 个月用新城疫（Lasota 系或Ⅱ系）-传染性支气管炎（H52）二联苗饮水 1 次。

鸡群一旦发生本病，应封锁鸡场，紧急消毒，分群隔离。如发病鸡群发病率和死亡率高，可用新城疫高免卵黄结合干扰素肌内注射，3 天后用油苗和Ⅰ系或Ⅳ系紧急接种；如产蛋鸡发生非典型性新城疫，并且产蛋率仍较高，可用 5～8 倍新城疫Ⅳ系苗饮水或气雾免疫

(为防止由于气雾免疫而激发鸡群发生慢性呼吸道疾病，可在疫苗中按预防量添加链霉素、土霉素或红霉素；也可添加黄芪多糖或白介素以提高免疫效果）。也有应用新城疫 NDW 株疫苗、新城疫Ⅰ系 CS2 株疫苗、鸡新城疫“三价”活疫苗等免疫接种的报道。

(二)传染性法氏囊炎

本病的病原是传染性法氏囊病病毒。

【流行特点】本病主要发生于 2～15 周龄的乌骨鸡，以 4～6 周龄乌骨鸡最常发病，发病和死亡集中在症状出现后的 3～5 天。

【症状和病变】病鸡身体震颤，白色水样下痢，羽毛松乱，步态不稳，低头垂颈。剖检见胸肌和腿肌有出血斑，腺胃和肌胃交界处有红色出血带。特征性病变是早期法氏囊肿大，布满黄色胶状水肿物质，严重时出血；后期法氏囊萎缩，囊内有黄色干酪样物。肾肿胀有尿酸盐积聚。

现场诊断可根据流行特点、临床表现及病理剖检中的特征性病变做出诊断。诊断中应注意与磺胺类药物中毒引起的出血综合征相区别。药物中毒可见肌肉的出血，但无法氏囊等变化，鸡群有饲喂磺胺类药物史，不难鉴别。另外，在此病发生过程中及其之后常有新城疫的发生，在诊断中要十分注意，以免误诊造成更大损失。

【防治措施】要坚决贯彻执行乌骨鸡场兽医卫生综合防治措施。对雏乌骨鸡舍和患过本病的乌骨鸡舍要严格彻底地消毒，种乌骨鸡场还应做好各生产环节的卫生消毒工作，所用消毒液以碘制剂、福尔马林和强碱效果较好。种鸡群在开产前及 40～ 42 周龄时各用油佐剂灭活苗免疫 1 次，可保证种乌骨鸡场的种蛋和雏乌骨鸡有一定水平的母源抗体，而且母源抗体水平比较均匀，为雏乌骨鸡阶段的免疫打下基础，同时可有效地预防早期的隐性感染。育雏期间实行封闭饲养，坚持饲养员在鸡舍食宿。搞好雏乌骨鸡的免疫，如采取的样品经琼脂扩散反应检查，当还有 30%～40%的样品呈现阳性反应时，就是雏鸡群进行首免较适宜的时机。目前应用较多的是在 1 日龄按 0.5%的比例采血分离血清，用琼脂扩散法测定母源抗体，确定首免日龄。阳性率不到 80%的分别在 10 日龄、14 日龄或 17 日龄接种。

阳性率达80%～100%的在7～10日龄再采血测定，此时阳性率低于50%时，分别在14日龄、17日龄或20日龄接种；如果超过50%，分别在17日龄、21日龄或24日龄接种。有的单位在上述日龄按每次1/2的疫苗剂量分3次饮水免疫。在上述日龄首免后，隔7天进行第二次免疫。第二次免疫后10～12天，应用琼脂扩散法测定免疫后抗体产生情况。此时如果有75%～80%以上的乌骨鸡都能测出抗体，说明免疫是成功的；如果鸡群没有测出抗体或只有少部分乌骨鸡测出抗体，则认为免疫不成功，需重新免疫。现在大多数乌骨鸡场都实行3次免疫，养鸡较少的乌骨鸡场以滴口免疫较好，大鸡场首次免疫最好滴口免疫，二免以后可饮水免疫。个体养鸡户可在5日龄用法氏囊中等毒力疫苗滴口，15日龄二免（滴口或饮水），22日龄三免（饮水）。

发病早期可用鸡传染性法氏囊病高免血清或高免蛋黄注射，同时用莫氏灵或囊霸王配合治疗；也可在病初对发病鸡群用鸡传染性法氏囊病中等毒力疫苗倍量对全群鸡肌内注射或饮水免疫，可减少死亡。充足供应饮水，或在饮水中加入口服补液盐，降低饲料中的蛋白质含量（降到15%），在冬春季提高育雏舍温度（提高2～3℃），用含氯消毒剂（如威岛牌消毒剂等）或特力灭饮水或带鸡喷雾消毒，也可用0.2%过氧乙酸带鸡消毒等，都是有效的预防措施。

（三）马立克病

本病的病原是马立克病病毒。

【流行特点】乌骨鸡对本病易感，母鸡又比公鸡易感。临床病例见于1月龄以上的乌骨鸡，2～7月龄是发病高峰。鸡群所感染的马立克病病毒的毒力对发病率和死亡率影响很大。根据火鸡疱疹病毒疫苗能否提供有效保护，将马立克病病毒分为温和毒、强毒、超强毒和超强强毒。流行很多年的古典型马立克病可能由温和毒引起，20世纪50年代后期、60年代和70年代以强毒占优势，70年代末以后世界各地相继出现超强毒，主要在火鸡疱疹病毒免疫鸡群造成超常死亡。最近有些国家分离到现有各种疫苗均不能提供很好保护的超强强毒。应激等环境因素也可影响马立克病的发病率。

【症状和病变】根据临床表现，可分为皮肤型、眼型、内脏型及神经型4种类型，目前以内脏型和神经型最常见。

(1)内脏型　病乌骨鸡精神及食欲不振，毛散乱，行走缓慢，常缩颈呆蹲墙角，体重减轻，脸色苍白及下痢，鸡冠发育不良。鸡群发病后每天或隔天都有死亡，但数量不一，不见死亡高峰，死亡的鸡多数很瘦。剖检可见心脏、肝脏、脾脏、腺胃、卵巢、肾脏、肺脏、睾丸等器官有大小不等、形状不一的灰白色或黄白色的肿瘤块。肿瘤由小米粒到核桃大小，粗糙，颗粒状，质坚实，切面平整，呈油脂状。腺胃肿大2～3倍，浆膜下有灰白色斑块变硬，乳头变大而突起，顶端溃烂。腔上囊萎缩而不形成肿瘤，这是和淋巴细胞性白血病不同的特点。

(2)神经型(又称古典型)　常见的由于侵害腰荐神经丛或坐骨神经，造成一侧肢的不全或完全麻痹而形成一肢在前另一肢在后的“劈叉”姿势，或鸡站不起来而侧卧等姿势。当侵害臂神经时，病鸡翅膀下垂。病鸡精神尚好，有饮食欲，但往往由于饮不到水而脱水，吃不到饲料而衰竭，最后死亡或淘汰。剖检可见被侵神经(多见于坐骨神经、腰荐神经)增粗、水肿，正常的神经纹理不清或消失。

(3)皮肤型　比较少见，往往在屠宰煺毛后才能见到，病理变化主要表现毛囊肿大或皮肤出现结节。

(4)眼型　在病鸡群中很少见到。病鸡视力减退或失明。病理变化为虹膜退色，瞳孔边缘不整齐。

以上4种临床类型以神经型和内脏型马立克病多见。有的鸡群发病以神经型为主，内脏型较少，这种情况对鸡群造成的损失不大。有的鸡群发病以内脏型为主，兼有神经型的病鸡出现，这种情况较多，损失严重，常造成较高的死亡率，而且流行时间长。其他两型马立克病在实践中较少见到。

本病通常根据流行特点和剖检变化可作出确切诊断。要注意本病同鸡白血病的鉴别。

【防治措施】本病是由病毒引起的肿瘤性疾病，一旦发生，没有任何措施可以制止流行和蔓延，更没有特效的治疗药物。因此，防治本病的关键是切实做好免疫工作。

目前鸡马立克病疫苗使用最普遍的是火鸡疱疹病毒（HVT）苗。使用 HVT 苗应注意以下几方面的问题：①疫苗的质量必须合格。要选择信誉较高的疫苗生产单位和经销单位。疫苗经销单位和使用单位大批量购买时，最好抽样送兽药监察部门进行检查，测定疫苗的蚀斑单位和疫苗的稳定性，不合格者严禁使用。②HVT 是冻干苗，出售疫苗时还配有专门的稀释液。稀释液应清亮透明，质量不合格的不能使用。冻干苗稀释后在 1 小时内用完，否则疫苗的蚀斑量将明显下降。在疫苗稀释好以后，应将其放在冰浴的条件下(即疫苗瓶放在装有冰块的容器里)，以避免由于温度高影响疫苗质量。③鸡接种疫苗后需经 15 天以上才能起到对鸡的保护作用。因此，接种疫苗的房间、运送雏鸡的容器以及育雏舍必须做好彻底消毒，最大限度地减少环境中的马立克病病毒，才能充分发挥疫苗的保护作用。

除 HVT 苗之外还有称为Ⅱ型苗(SB1)和Ⅰ型苗（CVⅠ988）者，这类疫苗和 HVT 苗组合成二价苗，(HVT＋SB1 或 HVT＋CVⅠ988 联合使用，或者 CVⅠ988 单独使用)，其保护作用均高于 HVT 苗，而且可以保护鸡群免受马立克病超强毒株的感染，防治效果很好。但这类疫苗保存和运输必须在液氮罐中进行，给现场应用带来较大困难，也是目前应用不普遍的主要原因。

加强饲养管理，减少应激因素对鸡群的影响，不断提高兽医卫生综合防治水平是防治鸡马立克病的重要措施。

最后，为提高马立克病的免疫效果，还需加强其他疫病的防治工作，减少对该病免疫的干扰。如鸡传染性法氏囊病、鸡传染性贫血、鸡白痢沙门菌病等，特别是在马立克病疫苗免疫保护作用尚未建立前，上述疫病的感染、发生同样可导致本病的免疫失败。

(四)传染性支气管炎

本病的病原是传染性支气管炎病毒。

【流行特点】以呼吸道症状为主的传染性支气管炎，雏乌骨鸡多发，发病率高，死亡率高的可达 25%以上。日龄稍大的乌骨鸡或成年乌骨鸡死亡率低。以肾病变为主的传染性支气管炎，多见于雏乌骨鸡发病，死亡率 10%～40%。

【症状和病变】以呼吸道症状为主的传染性支气管炎，雏乌骨鸡发生多在5周龄以内。病雏乌骨鸡精神沉郁，不食，呼吸困难，张口喘息，将雏乌骨鸡放在耳边可听到明显啰音，多因呼吸极度困难，窒息而死。本病在乌骨鸡群中传播迅速，病程可达10～15天。稍大日龄的乌骨鸡患病，呼吸道症状不十分明显，啰音和喘息症状较轻。成年乌骨鸡发病，主要表现为产蛋下降，见有软壳蛋、畸形蛋、蛋皮粗糙等，乌骨鸡蛋质量下降，蛋清稀薄如水样，蛋黄与蛋清分离。剖检以呼吸道症状为主的病死雏乌骨鸡，呼吸道呈卡他性炎症，有浆液性分泌物，在气管下部常见到黏性或干酪样分泌物并形成气管栓塞，气囊混浊，腔内见有黄色干酪样渗出物。成年鸡可见卵黄性腹膜炎，卵子充血、出血或变形，有的输卵管萎缩、管壁变薄或间隔性地不发育而造成堵塞，有的鸡输卵管积水。

以肾病变为主的传染性支气管炎，是目前发生多，流行范围较广的疾病，乌骨鸡在20～30日龄时为高发阶段。在同一鸡场本病可在多批次的雏乌骨鸡中连续发生，在一定时间内发病日龄相对稳定。鸡群发病以死亡数量突然增多为特点，有明显的死亡曲线。病鸡下痢，但呼吸道症状不明显，或呈一过性症状。40日龄以后的鸡群发病较少，成年乌骨鸡发病少见。该病发生在雏乌骨鸡可延续15天之久，病后一段时间内仍有因本病零星死亡鸡出现。剖检呼吸道多无明显可见变化，最主要的变化是肾脏明显肿大、色淡，肾小管和输尿管充盈尿酸盐而扩张，肾脏外观呈花斑状。

我国有些地市近年发生腺胃型传染性支气管炎，主要发生在25～70日龄鸡，以流泪、肿眼、伴有呼吸道症状，极度消瘦，拉稀，死亡为特征。剖检见腺胃肿大如球状，腺胃壁增厚，腺胃黏膜出血溃疡，胰腺肿大出血。

实验室诊断可将气管或肾脏病料接种鸡胚，可出现鸡胚体蜷曲状、变小。

【防治措施】本病发生后无特效治疗药物。平时主要靠加强鸡群饲养管理，认真执行兽医卫生综防措施防治。另外，给鸡群接种疫苗，雏鸡阶段可选用新城疫-传染性支气管炎二联苗（Lasota—

H120)或 H120 弱毒苗，育成鸡接近开产时可选用 H52 弱毒苗。各地根据本地情况制定合理的免疫程序，做好预防工作。本病经常和新城疫同时免疫。目前肾病变型传染性支气管炎发生较多，人们仍用 H120、H52 疫苗免疫鸡群，力图防治该病，但效果甚微。因为本病病毒的血清型多，一种血清型毒株制成的苗不能保护其他血清型毒株引起的疾病，因此防治肾病变为主的传染性支气管炎，一般从本地发病群中分离毒株制苗，或用 2 种以上毒株制成多价苗，才有较好的防治效果。

灭活疫苗均属死疫苗，有油佐剂灭活苗和组织灭活苗 2 种，在防治中应注意以下几个方面：如若应用油佐剂灭活苗预防接种，其免疫时间可根据鸡群发病时间来决定。因为油佐剂灭活苗产生免疫力慢，免疫时间应在鸡群发病前 15 天。如果本场雏乌骨鸡发病日龄早可考虑用组织灭活苗，在鸡群常发日龄前 10 天注射为宜。或对种乌骨鸡开产前注射灭活苗，通过母源抗体的传递，保护雏乌骨鸡避免早期感染，争取时间对雏乌骨鸡进行免疫。

目前还没有广泛应用于现场抗体监测的简便方法，不了解鸡群抗体消长情况，上述免疫或多或少都有一定的盲目性。从实际效果看，经免疫的鸡群多数取得满意效果。一旦出现问题，免疫程序应进行调整，或更换制苗毒株，或添加新分离的毒株。本病发生后可适当投喂抗菌药物防止继发感染，给予干扰素以抑制病毒繁殖。近年来，不少单位试制了可减轻肾脏负担、提高肾功能的药物（如肾肿解毒药），在发病时全群饮水，可缩短病程，减少死亡，起到辅助治疗的作用。

有人提出控制商品乌骨鸡肾传支可在 1 日龄滴眼免疫传支 Ma5＋新城疫 Clone30（IB＋ND），14～16 日龄滴眼免疫传支 Ma5＋新城疫 Clone30 或传支 Ma5。种乌骨鸡控制肾传支可在 1 日龄和 14～16 日龄分别按上述方法接种疫苗；6～8 周龄滴眼免疫传支 H120 或 Ma5；14～18 周龄用传支-新城疫二联油苗注射；以后每隔 8～10 周，用传支 H120 或 Ma5 滴眼或喷雾；35～40 周龄用传支-新城疫二联油苗注射。

也有报道用肾传支 Izovac IB28/26 株在 1 日龄给鸡按 1/2 剂量喷雾或点眼、鼻，首免后 2～3 周再按上述方法二免，以后种乌骨鸡每 2～3 个月免疫 1 次。国内有些院校或科研单位研制成功的肾型传支弱毒疫苗，有一定预防效果。

(五)传染性喉气管炎

本病的病原是传染性喉气管炎病毒。

【流行特点】乌骨鸡对本病易感，各种年龄的乌骨鸡均可感染发病，但以育成鸡和成年产蛋鸡多发。本病一年四季均可发生，尤以秋、冬、春季多发，传播速度较快，短期内可波及全群。死亡率一般为 3%～20%。

【症状和病变】病鸡呼吸困难，咳嗽，有的伴随着剧烈咳嗽咯出带血的黏液或血凝块，挂在铁丝网或咯在其他鸡身上明显可见。检查口腔，可见喉部有灰黄色或带血的黏液，或见干酪样渗出物。本病发生后很快在鸡群中出现死鸡。产蛋期乌骨鸡的产蛋量下降。发病后 10 天左右鸡死亡开始减少，鸡群状况开始好转。

剖检病变在喉头和气管的前半部，发病初期喉头、气管可见带血的黏性分泌物或条状血凝块。中后期死亡鸡的喉头、气管黏膜附有黄白色黏液或黄色干酪样物，并在该处形成栓塞。

在诊断中应注意与黏膜型鸡痘鉴别。两者在某些症状方面如呼吸困难，口腔检查也见喉头处被干酪样物所堵塞，病死鸡剖检可见喉头、气管栓塞等极为相似。但黏膜型鸡痘在喉气管处黏膜可见隆起的单个或融合在一起的灰白色痘斑，一般无气管的急性出血性炎症，在鸡群中还可看到皮肤型鸡痘，以春、秋两季和蚊子活跃的季节最易流行。

【防治措施】无本病的乌骨鸡场不接种疫苗。认真执行兽医卫生综防措施，加强饲养管理，改善乌骨鸡舍通风条件，执行“全进全出”的饲养制度。鸡群一旦发病，无特效药物治疗。除加强管理，做好带鸡喷雾消毒等项工作外，根据鸡群健康状况给予抗菌药防止继发细菌感染。为防止继发鸡慢性呼吸道病，可在饮水中加泰乐加或强力霉素等药物。为防止继发鸡白痢、大肠杆菌病感染，饲料中用氟苯尼考或用诺氟沙星连喂4～5天。有的中药制剂如甘草片在病初给药可明显减缓呼吸道的炎症，各地区可根据条件选用。

乌骨鸡场发病后可将本病的疫苗接种纳入免疫程序，一旦接种疫苗，以后每批都要接种。可用鸡传染性喉气管炎弱毒疫苗点眼或滴鼻免疫，首免可在35～50日龄，二免在首免后6周进行。鸡群发病日龄较早，要在35日龄以下首免时，应先做小群试验观察，无明显不良反应时再扩大使用。本病弱毒苗接种后鸡群有一定的反应，轻者出现结膜炎和鼻炎，重者引起呼吸困难，甚至部分鸡死亡，与自然病例相似，故应用时严格按说明书规定执行。另外，用传染性喉气管炎-鸡痘二联苗注射，也有较好的防治效果。

（六）鸡痘的防治

本病的病原是禽痘病毒。

【流行特点】乌骨鸡易感，以雏乌骨鸡和育成乌骨鸡多发且较严重，易引起雏乌骨鸡大批死亡，并使生长发育迟缓。本病一年四季均可发生，但以夏、秋蚊虫多的季节多发。

【症状及病变】

该病可以分为以下3种类型：

皮肤型：在鸡冠、肉髯、眼睑和鸡体无毛或毛稀少的部位发生结节状病灶，开始为灰白色的小结节，以后形成黄色或棕褐色的痘疹。该型鸡痘一般对鸡的精神、食欲及产蛋无太大影响，无继发感染时死亡率很低。

黏膜型：在口腔、咽喉处出现溃疡或黄白色假膜，又称白喉型。假膜强行撕下可见出血的溃疡。另在气管前部可见隆起的灰白色痘疹，散在或融合在一起，气管局部见有干酪样渗出物。由于呼吸道被阻塞，病鸡常因窒息而死。此型鸡痘死亡率为20%～40%。

混合型：鸡群发病兼有皮肤型和黏膜型的临床表现。

【防治措施】加强鸡群的卫生、消毒、管理及消灭吸血昆虫等预防工作，搞好鸡群的疫苗接种。接种方法以刺种为宜。在鸡痘严重发生的季节（如夏末秋初），可在7日龄左右刺种，一般鸡20日龄左右刺种一次，另一次刺种应在鸡群开产前4～5周进行。刺种后3～4

天，刺种部位微现红肿、水疱及结痂，2～3周痂块脱落，表示刺种成功。否则，应予补种。冬季也要接种。也可用传染性喉气管炎-鸡痘二联苗注射。

(七)禽流感的防治

本病的病原是A型流感病毒，目前常见的病毒毒株是H5、H9和H7。

【流行特点】乌骨鸡易感，鹅也可感染发病，鸭可能是流感病毒的主要宿主，致死率因毒株不同而异，高致病毒株致死率高。一些鸡场死亡率10%～40%，大多数产蛋鸡群只表现产蛋下降，死亡率不超过2%，育成期鸡群比产蛋母鸡的死亡率高。

【症状和病变】

低致病性禽流感的临床症状：采食、精神及体表变化：发病鸡群采食量明显减少，饮水增多，饮水时不断从口角甩出黏液，精神沉郁，羽毛蓬乱，垂头缩颈。

呼吸道及消化道症状：发病鸡群表现精神和食欲较差，消瘦、产蛋减少，出现明显的呼吸道症状。呼噜、喘、打喷嚏、咳嗽，鼻窦肿胀。有的呼吸困难，张口伸颈或呼吸时发出尖叫声。也有的呼吸道症状较轻，夜晚安静时才能听到。病鸡拉水样稀粪，常带有未消化完全的饲料，有的拉灰绿色或灰白稀粪。但死亡率低。

产蛋下降，蛋壳质量变差：有的鸡群出现呼吸道症状的当天或第二天产蛋下降，有的鸡群先表现出产蛋下降后才出现消化道和呼吸道症状。发病鸡群多表现产蛋下降20%～50%。所产蛋蛋壳粗糙、变薄，颜色变浅，或产出软壳蛋。大多畸形蛋的蛋黄带有血斑。一般发病7～10天降到最低，1周后开始缓慢上升，整个恢复期20～60天，但不能恢复到发病前的产蛋水平。

生长停滞：商品乌骨鸡多发于30日龄左右，临床多见混合感染。有明显的呼吸困难，排黄绿色粪便或水样灰绿粪便，不食或少食，精神极度沉郁，羽毛松乱，体质消瘦，生长停滞，死亡率10%～50%，病情控制或好转后生长仍然受阻，继续有零星死亡。

高致病性禽流感症状：一般为突然暴发，初期常没有先兆症状就突然死亡，剖检也无明显的病变。病程稍长的体温升高，精神沉郁，不吃，羽毛松乱，鸡冠和肉髯肿胀、出血、发紫，脚鳞出血，头部和眼睑水肿。结膜发炎、充血、流泪，鼻分泌物增多，呼吸困难，甚至窒息而死。一些病鸡可见神经症状、下痢，蛋鸡产蛋量明显下降或停止。病死率可达 50%～100%。

确诊可用琼脂扩散试验检查有无鸡流感抗体及病毒分离鉴定。按规定鸡流感的确诊只能由省级畜牧主管部门进行。

【防治措施】本病主要通过接种疫苗进行预防，育雏育成期至少接种 3 次禽流感油乳剂灭活苗，首免在 3～5 周龄(H5)，10～12 周龄(H9)和 17～18 周龄(H5－H9)进行二免和三免；产蛋期间如果处于气温较低的季节要间隔 2 个月免疫 1 次。

目前尚无切实的特异性治疗方法。应用抗菌药物治疗可以减轻支原体和大肠杆菌的并发或继发感染的影响，减少损失。一旦发生疫情，则应严加封锁和控制鸡群的移动，采取严密的消毒措施。平时加强鸡群的卫生管理，不从疫区引进种蛋和雏乌骨鸡。有人使用中草药方剂进行防治取得了较好的效果，配方组成：苏叶 100 克，薄荷 100 克，藿香 100 克，荆芥 100 克，苍术 100 克，防风 100 克，双花 120 克，黄芪 100 克，甘草 30 克，煎汁混水饮；1 000 只青年鸡 1 天用量，连服 2 天。

(八)产蛋下降综合征

本病的病原是鸡产蛋下降综合征病毒。

【流行特点】乌骨鸡对本病最易感，鸭、火鸡、鹅及野鸡也可感染。26～36 周龄的产蛋鸡群易发生。本病经带病毒的种蛋垂直传给后代雏鸡，也可通过同居感染。

【症状及病变】感染鸡群以突然发生群体性产蛋下降为特征，产蛋量下降 20%～50%，产出薄壳蛋、软壳蛋、无壳蛋、畸形蛋、破壳蛋，蛋壳颜色发白，病鸡一般不死亡。产蛋下降可持续 4～8 周，10 周后开始好转，鸡群产蛋率可接近原有水平，鸡蛋颜色、形状、蛋的质量均恢复正常。剖检无特异病变。

确诊可在发病前后相隔 15～20 天 2 次采集血液分离血清，如发

病后20天采集的血清产蛋下降综合征抗体效价高于发病初期血清效价4倍以上即可确诊。

【防治措施】本病对种鸡群会造成严重损失。一旦发病立即用产蛋下降综合征油佐剂苗接种，可起到缩短病程、促进鸡群早日康复的作用。平时严格执行综合防治措施，避免在同一个场内同时养鸭和其他类型的鸡，更不要从发病场引进种蛋或雏乌骨鸡。凡是患过本病的鸡场或地区以及受威胁区，在开产前（一般120～140日龄）注射新城疫—传染性支气管炎—减蛋综合征三联油佐剂苗，在整个产蛋期内可得到较好的保护。

八、乌骨鸡细菌性传染病的防治

(一)鸡白痢的防治

本病的病原是鸡白痢沙门杆菌。

【流行特点】本病既可由带菌母鸡将鸡白痢沙门杆菌垂直传给雏乌骨鸡，也可在出壳后经呼吸道或消化道感染。在污染的鸡场，雏乌骨鸡发病率为20%～30%；而在新发病场，发病率可高达80%，死亡率也高。本病主要使3周龄以下雏乌骨鸡发病和死亡，有的鸡场1～4周龄死亡率在25%以上（正常仅6%以下）。

目前，有较多的种乌骨鸡场没有对种鸡群进行白痢净化，种鸡的白痢阳性率较高，其后代先天感染的比例较大，这也是乌骨鸡育雏前期死亡率较高的主要原因。

【症状和病理变化】本病依乌骨鸡月龄不同呈现不同症状及病变。

雏鸡主要症状：排白色稀粪，有时肛门周围的绒毛上黏结着白色、干结或石灰样的粪便（称糊屁股）。由于干结粪便封住泄殖腔，雏鸡排粪时发出“吱吱”的尖叫声。多数病雏呈现呼吸困难症状。治疗不及时，死亡率可达30%以上，耐过的乌骨鸡发育迟缓。

早期死亡的病雏，剖检无明显病变，只见有肝肿大和淤血，胆囊充盈多量胆汁，肺充血或出血。病程稍长者，可见卵黄吸收不全，卵黄囊皱缩，内容物稀薄，呈油脂状或淡黄色豆腐渣一样。在肺、心肌上有米粒大小灰褐色或灰白色坏死结节，肝有白色、灰白色坏死点。有的病雏在肌胃、盲肠、大肠黏膜上也见有坏死点，盲肠中有灰白色干酪样物质嵌塞肠腔。脾充血、肿大，或见坏死点。肾肿大、充血或出血。输尿管内充满尿酸盐。

育成鸡(2～3 月龄)：以排白色稀粪为主，病鸡平均死亡率为5%～10%。剖检可见肝、脾、肺、心肌、肌胃等实质器官有大小不同坏死灶，也有心肌菠萝状结节，肝脏呈黄色或红色肿大、易破裂，腹腔积血，或肝有血凝块，脾脏肿大。

成鸡：白痢常呈隐性经过，不表现明显的临床症状，仅侵害生殖器官，局限于卵泡变形。有时也可发生成年母鸡急性白痢。病鸡沉郁，食欲不振，腹泻，排出白色黏性稀便或黄色稀便，产蛋率下降5%～10%或产蛋停止。剖检卵泡变形，肝破裂，卵黄性腹膜炎；也有由人工授精而暴发母鸡白痢，以拉白色稀便突然死亡为特征。剖检主要变化为泄殖腔黏膜充血、水肿，卵黄性腹膜炎。

乌骨鸡白痢的诊断，主要依据本病在不同年龄鸡群中发生的特点以及病死鸡的主要病理变化做出。成年鸡可通过全血平板凝集反应确诊。平板凝集反应诊断的优点是操作简便，反应较快，结果准确，可以现场进行，易为基层兽医采用。其操作方法如下：先将鸡白痢鸡伤寒多价染色平板凝集抗原充分振荡均匀，用玻璃滴管吸取抗原 1 滴(约 0.05 毫升)，垂直滴在普通玻璃板或验血板的凹孔中，用针头刺破被检乌骨鸡翅膀内侧的静脉血管，使血液流出，用铂耳环蘸取 1 滴待检血液 (约 0.02 毫升)混在诊断液内，随即使之充分混合，时时摇晃玻璃板，并随时注意凝集反应。如果抗原与血液混合后在 2 分内出现片状或成较大的凝集颗粒，即为阳性反应；如果在 2 分内不出现或出现均匀一致的微小颗粒，或在边缘处由于临干前出现絮状者，则为阴性反应。

做凝集反应时，必须注意以下事项：①本抗原需保存于 8～10℃冷暗干燥处，用时充分振荡均匀。②做凝集试验时应在 20℃以上温度条件下进行。避免大风和阳光暴晒。冬天可用制成的玻璃反应

箱，在玻板下安装1只25瓦灯泡，使玻板温暖。③鸡白痢全血平板反应抗原，只适用于产蛋种母鸡和1年以上的公鸡，对幼龄乌骨鸡敏感性较差。④所用过的铂耳、采血针、玻璃板等必须经消毒后再用。

【防治措施】雏鸡白痢的防治，可在雏鸡开食之日起，在饲料或饮水中添加抗菌药物。从药敏试验结果看，以下药物是比较好的：庆大霉素（2 000～3 000国际单位/只），饮水，特别是1日龄注射马立克病疫苗时，在另侧按每只4 000国际单位注射庆大霉素或用诺氟沙星（0.01%～0.03%拌料）、新霉素（0.01%拌料）、头孢噻呋的治疗效果也很理想。普通乌骨鸡场可在1～30日龄给乌骨鸡饮用凉开水，在5日龄内饮水中加8%葡萄糖、0.04%维生素C、0.01%速补－18，每升水加庆大霉素4万国际单位，停药2天后，再用上述抗菌药交替拌料或饮水。近些年来微生物制剂开始在畜牧业中应用，这类制剂具有安全、无毒副作用、无抗药性等特点，常用的有促菌生、调痢生、EM原液、乳酸菌等。使用这些制剂的同时以及前后4～5天应该禁用抗菌药物。

育成鸡一旦发现鸡群中病死鸡增多，确诊后立即全群给药。可投喂诺氟沙星或恩诺沙星等药物，先投喂5天，间隔2～3天再投喂5天。同时，加强饲养管理，消除不良因素对鸡群的影响，交替用威力碘或特力灭对鸡群进行饮水或带鸡喷雾消毒。

种乌骨鸡场应做好鸡白痢净化，采取全血平板凝集反应检疫淘汰阳性鸡。在健康鸡群，每年春、秋两季定期全面检疫及不定期抽查检疫；也可在上笼前（120～140日龄）对种乌骨鸡进行检疫，产蛋高峰后再检疫1次；对60日龄以上的中雏也可检疫，每隔2～4周或每月检疫1次，淘汰阳性病鸡，直至不出现阳性鸡为止。严格贯彻执行兽医卫生综合防治措施，种乌骨鸡场要选用SPF蛋生产的病毒性活疫苗，尽量不用各种高免卵黄或高免血清防病治病，以免感染某些制剂中的鸡白痢沙门菌等病原微生物。

（二）大肠杆菌病

本病的病原是大肠埃希杆菌，以O1、O2和O78三种血清型致病作用最明显。

【流行特点】本病可经卵垂直传播，也可经消化道、呼吸道、交配、幼雏未愈合的脐带感染。以幼龄乌骨鸡(5～8周龄)感染和发病最多，产蛋种乌骨鸡死亡淘汰率增多，影响产蛋，并会直接影响到种蛋的孵化率、出雏率和健雏率。

【症状和病理变化】乌骨鸡大肠杆菌病没有特征性的临床症状，除了表现精神不振，羽毛松乱，食欲减少，腹泻等共同的症状外，产蛋乌骨鸡产蛋量不高，产蛋高峰上不去或维持时间短，鸡冠萎缩，鸡群死亡淘汰率增加。由于大肠杆菌的临诊病型不同，还可以出现肠炎、呼吸道炎、输卵管炎、眼炎、关节炎、神经症状。如果蛋壳被大肠杆菌严重污染，除了引起孵化后期胚胎死亡和孵化率降低外，孵出的雏鸡也较弱，在1周内可因脐炎而死亡。

病理变化病型不同，病变也不同。一般有心包积液（淡黄色，内混有纤维素)，心包膜变厚(色灰白云雾状，表面覆有纤维素膜)；气囊混浊，肝脏肿大，表面覆有多少不等的灰黄色纤维素薄膜，肝内可能有坏死点。腹腔内积有蛋黄样渗出物或干酪样物，肠壁粘连，卵巢及输卵管发炎并有渗出物。

【防治措施】鉴于该病的发生与外界各种应激因素有关，预防本病首先是加强对鸡群的饲养管理，改善鸡舍的通风条件，认真落实鸡场兽医卫生防疫措施。种乌骨鸡场应加强种蛋收集、存放和整个孵化过程的卫生消毒管理。大肠杆菌污染较严重的鸡场，可从本场病鸡中分离大肠杆菌，制成自场多价灭活菌苗。目前有大肠杆菌氢氧化铝胶灭活苗和油乳剂灭活苗两种。4～5周龄雏乌骨鸡首次接种，皮下或肌内注射氢氧化铝胶疫苗1毫升，油乳剂苗0.5毫升，间隔4～6周后可进行第二次接种，皮下或肌内注射0.5～1毫升。种乌骨鸡可于20周龄进行接种，以使雏乌骨鸡获得母源抗体，免受致病性大肠杆菌侵袭。

鸡群发病后可用药物进行治疗。大肠杆菌对药物极易产生抗药性，有条件的地方应进行药敏试验选择敏感药物，或选用本场过去少用的药物进行全群给药。庆大霉素(4万国际单位/升，饮水)、诺氟沙星(0.1%，拌料)、新霉素(0.02%，拌料)、环丙沙星(0.1%，拌料)、恩诺沙星(0.01%,饮水)、氧氟沙星(0.000 4%,饮水)、洛美沙星(0.000 5%,饮水)、氟苯尼考、头孢噻呋等药物均有较好的治疗效果。

(三)禽霍乱

本病的病原是多杀性巴氏杆菌。

【流行特点】鸡、鸭、鹅和火鸡都容易感染,雏鸡对多杀性巴氏杆菌病有一定的免疫力,感染较少。3~4月龄的鸡和产蛋前期的成鸡较容易感染。在天气突然变化、饲养管理不当等不利因素影响下,容易发病。

【症状和病理变化】本病可分为最急性型、急性型和慢性型3种,以急性型病例最常见。

最急性型:多见于农村散养鸡和一些鸡群流行本病的初期,特别是高产鸡和肥胖鸡多见。病鸡往往不显示任何症状而突然发病死亡。有时前日晚上吃食、活动还很正常,翌日清晨即死在舍内。

急性型:此型最多见,病鸡精神沉郁,呼吸困难,张口呼吸,口、鼻流出黏液性分泌物。剧烈腹泻,排灰白色、黄白色或污绿色稀粪,产蛋减少或停止。

慢性型:病鸡冠髯苍白、肿大,贫血,消瘦,关节肿大发炎,跛行或瘫痪。

病理变化最急性型死亡病例往往看不到明显病变,有时仅见心外膜有少量出血点。

急性型病例见皮下、浆膜、黏膜、腹膜及腹部脂肪、心冠状沟脂肪和心外膜有大量出血点;心包肥厚,内有多量淡黄色液体,并含有纤维蛋白渗出物;肝脏的病变有特征性,肝稍肿大,表面有针尖大灰白色或黄白色坏死点,质脆易碎;腺胃乳头间和肌胃角质层下可见出血点和出血斑;小肠特别是十二指肠有严重的出血性炎症,外观呈暗红色,切开后可见肠黏膜呈弥漫性出血;产蛋鸡卵泡软化或卵黄膜破裂,腹腔内呈黄白色混浊。

慢性型多因受侵害部位不同而使病变局限于某些器官,如关节、肉髯或卵巢等,病变组织见有肿胀,内有干酪样物。

根据流行特点、病鸡死亡快、急性型病例典型的病理变化可初步诊断。有条件的地方可取病死鸡心血、肝、脾制作涂片或触片，用瑞氏染色，在显微镜下观察，可见数量较多、形态一致、呈两极着色的球杆菌，即可确切诊断。

【防治措施】一般从未发生本病的鸡场不进行疫苗接种，主要依靠加强饲养管理，搞好卫生消毒和药物预防来控制本病。对常发病地区或鸡场，可应用鸡霍乱蜂胶灭活疫苗，1月龄后注射，每年免疫2次。

鸡群发病后应立即采取治疗措施，有条件的地方通过药敏试验选择有效药物全群给药。青霉素加链霉素肌内注射，每羽5万～10万国际单位，每天1～2次，连用2天。并在饲料中加喂复方敌菌净，拌料喂服3天；氟苯尼考与丁胺卡那霉素组合配方注射或口服，用针剂时，每千克体重0.4毫升肌内注射，1天1次，用1～2次；喂料时，氟苯尼考粉剂，用3～5天；盐酸沙拉沙星饮水每100千克水加10克，拌料每40千克料加10克，连喂3～5天；复方阿莫西林可溶性粉每50克加水250千克，连用3～5天。

在用抗菌药物的同时，可用特力灭1∶1 500倍稀释后饮水消毒，同时用1∶200倍稀释液带鸡喷雾消毒；或用威力碘1∶50倍稀释饮水，同时1∶50倍稀释带鸡喷雾消毒。粪便及时清除，发病群中尚未发病的鸡，可在饲料中拌喂抗生素或磺胺类药物，以控制发病。

(四)葡萄球菌病

本病的病原金黄色葡萄球菌。

【流行特点】本病多发生在40～80日龄的乌骨鸡，成年乌骨鸡发生较少。本病发生与外伤有关。凡是能够使鸡皮肤、黏膜完整性遭到破坏的因素均可成为发病的诱因，往往由于笼具、网具质量不好或年久失修造成鸡皮肤、趾部机械性外伤而感染。另一种外伤是因传染性因素造成的，常见由于鸡痘的发生而引起鸡葡萄球菌病的暴发。此外，本病的发生还与饲养管理水平、环境污染程度、饲养密度等因素有直接关系。

【症状和病理变化】本病有不同的表现形式，常见的有：

急性败血型：病鸡体温升高，精神沉郁，食欲减少或废绝，不爱跑

动，常呆立一处，缩颈，两翅下垂，眼半闭嗜眠状，羽毛松乱。有些病鸡胸腹部皮下呈紫红或紫黑色，有明显波动感，局部羽毛脱落，用手轻轻一摸即可脱掉。有的病鸡在头、颈、翅尖等部位的体表皮肤有外伤性炎症。病鸡最后站立不稳，倒地死亡，病程多为2～5天。剖检见胸腹部脱毛，皮肤呈紫黑色浮肿，剪开皮肤可见整个胸腹部皮下充血、溶血，呈弥漫性紫红色或黑红色，积有大量胶冻样粉红色或红色水肿液。同时，肌肉有出血斑点或条纹。肝脏肿大，呈淡紫红色。

关节炎型：病鸡多个主要关节发生炎性肿胀，呈紫红色或紫黑色，可见外伤或溃疡。有时出现趾瘤，脚底肿大。跛行，翅膀下垂，不愿站立和走动，常蹲伏或侧卧。由于在大群中不能抢食，逐渐消瘦，最后死亡。剖检可见关节肿大，滑膜增厚，关节囊内有或多或少的浆性或浆性纤维素渗出物，有些变成脓性或干酪样坏死。

脐炎型：病雏腹部膨大，脐孔发炎肿大，局部呈黄红或紫黑色，质硬，间有分泌物，称“大肚脐”。在出壳后2～5天死亡。

眼型：病鸡头部肿大，上下眼睑肿胀，闭眼，有脓性分泌物。用手掰开时，见眼结膜红肿，眼内有多量分泌物，并见肉芽肿。因妨碍采食饮水而饥饿死亡。

肺型：病雏有呼吸障碍症状，剖检肺部淤血、水肿、肺炎。

【防治措施】发病后采取药物治疗，同时加强兽医卫生防疫措施。金黄色葡萄球菌对药物极易产生抗药性，在治疗前应做药物敏感试验，选择有效药物全群给药。实践证明，庆大霉素、卡那霉素、诺氟沙星、新霉素等均有不同的治疗效果。无条件做药物敏感试验的单位可选用该场不常用的抗菌药物。发病后立即全群投药，控制本病流行。可选用诺氟沙星（0.04％拌料）、红霉素（0.01％拌料）等药物，连用5～7天，能收到明显的效果。如鸡群发病率较高，采食量明显减少，通过饲料给药不能使血中药物浓度达到治疗水平时，可经肌内注射给药。用庆大霉素每只鸡3 000国际单位或卡那霉素每只鸡10 000国际单位，每天1次，连用3天。当鸡群死亡明显减少，采食量增加时，可改用口服给药3天，以巩固疗效。

预防本病的发生，要从加强饲养管理、搞好乌骨鸡场兽医卫生防

疫措施入手，尽可能做到消除发病诱因。认真检修笼具，切实做好鸡痘的预防接种。

（五）传染性鼻炎

本病的病原副鸡嗜血杆菌。

【流行特点】在自然条件下乌骨鸡对本病易感，各种年龄的乌骨鸡均可感染，随着日龄的增长易感性增强。育成鸡、产蛋鸡最易感，本病多发生在成年鸡。寒冷季节多发，一般在秋末、冬季和早春是本病多发期。发病后快者1～2天，慢者1周内传遍全鸡群，在鸡场某鸡舍发生后，其他适龄鸡群几乎无一幸免，发病率高，死亡率低。如有鸡传染性支气管炎、鸡传染性喉气管炎、鸡慢性呼吸道病、鸡霍乱等继发感染，可使病情加重，死亡增多，病程延长。

【症状和病理变化】发病后传播快为本病的特征。典型的症状为鼻孔流出稀薄的水样清液，以后转为浆液黏性或脓性分泌物，有时打喷嚏。眼结膜发红，流泪，眼睑及颜面部发生肿胀。睑面水肿严重的病例，上下眼皮黏合在一起，引起暂时失明。食欲下降、饮水减少，或有下痢，体重减轻。产蛋种乌骨鸡发病后5～6天，产蛋量明显下降（下降10%～40%），有些产蛋高峰期的病鸡经1周左右产蛋率可降至20%左右。本病发生初期，鸡群死亡率较低。病后当鸡群精神好转，食欲逐渐恢复，产蛋量逐渐回升时，鸡死亡淘汰增加。一般需20天左右产蛋量回升，一般达不到原来的水平。公、母鸡常见肉垂水肿、增厚，幼鸡生长不良，开产前的鸡卵巢发育受到影响，开产期延迟，公鸡睾丸萎缩，受精率低。

剖检可见鼻腔和咽喉黏膜充血和水肿，有大量渗出液；眶下窦常充满着黄白色黏稠的分泌物，眼结膜充血发炎，结膜囊蓄积干酪样物质。产蛋种鸡见卵黄性腹膜炎，卵泡变软或血肿，母鸡卵巢萎缩。其他器官正常。

本病的确诊可用琼脂扩散试验检查有无传染性鼻炎的抗体或接种易感鸡，必要时进行病原分离鉴定。

【防治措施】本病病原对许多抗菌药物均敏感，如磺胺嘧啶、链霉素、红霉素、土霉素、强力霉素、壮观霉素、利高霉素、环丙沙星、恩诺沙星等，但停药后容易复发，且不能消灭带菌状态。副鸡嗜血杆菌对磺胺类药物非常敏感，是治疗本病的首选药物。一般常用复方新诺明或增效周效磺胺钠注射液（每千克体重 25 毫克内服或注射，每天 1～2 次），也可选氯霉素（0.2%拌料）、泰灭净（0.1%拌料）、壮观霉素（0.1%饮水）连用 5 天。鸡群食欲下降，经饲料给药血中不能达到有效浓度时，也可用链霉素（每只成年鸡 0.2 克注射）或青霉素和链霉素混合注射（青霉素每只成年鸡 4 万国际单位，链霉素用量同上），连用 3～4 天。有条件时最好通过药敏试验选择敏感药物用于治疗。在应用抗菌药物的同时，可同时用维生素 A、维生素 D_3 粉拌料，加强饲养管理。病愈康复鸡不能留作种用，应与健康鸡隔离饲养或淘汰。

加强饲养管理是预防本病的重要措施。要改善鸡舍通风条件，做好鸡舍内外的兽医卫生消毒工作，以及病毒性呼吸道疾病的防治工作，提高鸡的抵抗力。每栋鸡舍应做到“全进全出”，禁止不同日龄鸡混养。清舍之后要彻底进行消毒，防止寒冷和潮湿，防止维生素 A 缺乏，定期用抗菌药拌料，特别是天气剧变时，要及时用抗菌药和抗应激药物拌料。必要时，对易发病鸡群注射鸡传染性鼻炎灭活油佐剂苗，30～40 日龄健康鸡，肌内注射 0.3 毫升，120 日龄左右上笼时，每只肌内注射 0.5 毫升。上笼时注射后，可保护整个产蛋期不发或少发鼻炎。

磺胺类药物一般被认为是治疗本病的首选药物。但对于产蛋期的乌骨鸡使用这类药物养殖场是有所顾忌的，主要是担心影响鸡群产蛋或怕引起药物中毒。但是，本病的传播速度相当快，一旦在产蛋鸡群中发生，即使不使用磺胺类药也必然会引起减蛋，而如果及时（特别是在发病初期）合理地用药，则有助于迅速控制病情，减少继发感染机会，同时可起到缩短病程，加快鸡群康复的作用。

（六）慢性呼吸道病（败血支原体病）

本病的病原是鸡败血支原体。

【流行特点】只有鸡和火鸡对本病易感，可经卵垂直传播及消化道、呼吸道横向传播。本病一年四季均可发生，以冬季、早春寒冷季节流行较严重，1～2 月龄的雏乌骨鸡最易感，且死亡率高（30%）。

对潜在有支原体的鸡进行新城疫苗气雾免疫时，也常诱发本病。

【症状和病理变化】本病主要发生在1～2月龄的幼雏，冬、春季节多发。病鸡流浆液性和黏性鼻液，鼻孔周围羽毛被污染，严重病鸡咳嗽，呼吸困难，眼睛流泪，眼睑肿胀，鼻腔、眶下窦积蓄渗出物，眶下窦肿胀，严重时眼失明。

病变主要表现在呼吸系统。鼻腔、眶下窦黏膜肿胀、充血、出血，窦腔内有黏液或干酪样物。喉头气管充满混浊黏液，气囊出现纤维素性炎症，气囊壁混浊、增厚、有干酪状渗出物。心包增厚，肝表面有黄白色纤维素假膜。

【防治措施】加强综合防疫措施，在2月龄、4月龄、6月龄时对种乌骨鸡各进行1次血清学检查，淘汰阳性鸡。种乌骨鸡选用SPF蛋生产的疫苗免疫接种，尽量不用高免卵黄或高免血清防治疾病。在本病易发生季节，种母鸡每月注射1次0.2克链霉素，同时用0.02%红霉素拌料，以防病原体通过种蛋传染。

鸡群一旦发病，迅速查清诱发该病的因素，立即采取有效措施，改善饲养管理。治疗本病时要注意以下情况：第一，鸡群中仅少数鸡发病，而且没有传播流行趋势，应采取对病鸡单独治疗，可用链霉素（成鸡每天20万国际单位，早、晚各注射1次，连用3天），也可用0.5%恩诺沙星注射液（每千克体重肌内注射1毫升）。第二，鸡群发病后，引起发病的诱因不能在短时间内消除或改善，又有继续蔓延趋势的，此时治疗原则应采取病鸡单独治疗与大群防治相结合。单独治疗方法同上。鸡群可选用泰乐菌素（0.04%，拌料）、复方泰乐菌素（2克/升，饮水）、北里霉素（0.05%，拌料或饮水）、复方支原净（0.02%，拌料或0.015%，饮水）、支原净（0.025%，饮水）、红霉素（0.01%，饮水或拌料）、强力霉素（0.02%，拌料或0.01%，饮水）等药物。第三，病死鸡经剖检确诊与大肠杆菌混合感染时，治疗应以控制大肠杆菌为主，且采取全群给药的方法。有条件的地方可分离大肠杆菌进行药敏试验选择敏感药物，或选用本鸡场过去少用的抗生素可取得满意效果。如氟哌酸（0.03%～0.04%，拌料），连用4～5天，也可用恩诺沙星（0.01%，饮水或每千克体重肌内注射0.5%的

恩诺沙星注射液1毫升）。第四，若本病继发于其他原发性疾病，采取的措施以针对原发病防治为主，可在饮水或饲料中添加上述抗菌药物，以减少本病的继续发生，降低继发感染而造成的死亡。第五，对60日龄以内的鸡群，进行新城疫气雾免疫时，可在疫苗中适量添加链霉素（每只500国际单位），以防止由于气雾免疫而激发本病。病鸡群也可用长效抗菌剂气雾法治疗。方法是：8米×25米×5米的鸡舍，每次用水15千克，加长效抗菌剂5瓶，每天早上5点，晚上9点各喷1次，连喷5天。气雾前关闭门窗，1小时后打开。

除药物防治外，种乌骨鸡场可考虑用疫苗接种来防治本病。鸡慢性呼吸道病免疫接种鸡毒支原体活疫苗可用于预防鸡毒支原体引起的鸡慢性呼吸道病，适用于各日龄的健康鸡群，以12～60日龄时使用为佳，免疫前后20日内，停用各种治疗鸡毒支原体感染的药物，也不要与其他活疫苗一起使用。鸡败血支原体甲醛灭活油乳剂苗，雏鸡（1～4周龄）1次接种后对攻击的免疫保护力为75%～87.3%，免疫期可维持6个月，若在成鸡时再次免疫，效果更好。免疫预防只有在自然感染以前进行才能起到良好作用，否则，免疫效果欠佳。

（七）曲霉菌病

本病的病原为曲霉菌属中的多种曲霉菌，其中主要是烟曲霉菌。

【流行特点】雏鸡对本病易感且常表现群发和急性经过；成年鸡有一定的抵抗力，呈散发和慢性感染。雏鸡以3周龄内最为易感。有的因种蛋污染可导致出壳不久的鸡发病，有的因孵化器、出雏器和孵化室被曲霉菌严重污染而引起1日龄雏鸡感染发病，多数情况下典型的病例见于5日龄以后。采用地面垫料平养时使用发霉的垫料，或因为高温潮湿而致使垫料、饲料发霉常引起本病的发生。

【症状和病理变化】病鸡呼吸困难，呼吸时头、颈常向上伸，张口喘气，细听有沙哑的水泡声，冠发紫，吃料减少，饮水增加，眼发炎，眼睑鼓起，用力挤压有干酪样物。

剖检可见肺、气囊和胸腹腔浆膜上有从大头针帽至小米粒或绿豆大小的霉菌结节，气囊膜混浊变厚，结节呈灰白色、黄白色或淡黄色，稍柔软有弹性，切开时内容物呈干酪样，有的互相融合成大的团块。肺上有多个结节时，可使肺组织质地变硬。在病肺、气囊或腹腔浆膜上用肉眼还可见到成团的霉菌斑。

综上所述，饲料、垫草等的严重污染、发霉，使幼龄鸡多发且呈急性经过，病雏以呼吸困难为主要特征，死后剖检在肺气囊等部位可见灰白色结节或霉菌斑块，必要时取病肺的结节或病理组织，发现霉菌孢子和菌丝体时即可确诊。

【防治措施】加强雏鸡群的饲养管理是防治本病的关键措施。第一，种蛋库要清洁、干燥，经常消毒。第二，认真做好孵化全过程的兽医防病管理。第三，不要使用发霉变质的垫草、饲料。第四，地面平养鸡舍内的料槽、饮水器周围极易滋生霉菌，可经常改变饲槽、饮水器的放置地点。第五，在潮湿、闷热、多雨季节要采取有力措施，防止饲料、垫草发霉。饲槽、饮水器要经常刷洗、消毒。同时加强鸡舍通风，最大限度地减少舍内空气中霉菌孢子的数量。

本病发生后应迅速查清原因并立即排除。鸡群脱离被霉菌严重污染的环境，是减少新发病例、有效控制本病继续蔓延的关键。在此基础上，自鸡群中挑出病鸡，严重病例可扑杀淘汰，症状轻的以及同群鸡可用 0.05%硫酸铜溶液代替全部饮水，供鸡自由饮用。种鸡可考虑用制霉菌素按每千克饲料 100 万国际单位拌料，连用 3～5 天。

九、乌骨鸡寄生虫病的防治

（一）球虫病

在高温、高湿的饲养条件下地面散养的乌骨鸡容易发生球虫病，即使在笼养情况下也有发病的可能。感染球虫后乌骨鸡的肠壁细胞被破坏，不仅使肠道出血，还会影响多种营养物质的吸收，病鸡生长发育缓慢，严重者会引起死亡。

【病原】球虫的类型共有 9 种，其中对鸡危害严重的主要有柔嫩艾美尔球虫（也称盲肠球虫，主要危害 3～5 周龄的雏乌骨鸡）和毒害艾美尔球虫（也称小肠球虫，多发生在 7 周龄以上的乌骨鸡）。球虫发育有 3 个阶段，包括体外 1 个阶段和体内 2 个阶段，整个发育过程

约需 7 天。

【感染途径】球虫卵囊可以通过饲料、饮水感染乌骨鸡，也可由饲养人员、工具等传播。乌骨鸡舍温度高、湿度大、卫生条件差、饲养密度大等，都容易引起本病的发生。

【症状和病理变化】病鸡精神不振，缩颈垂翅，羽毛散乱，采食减少，拉稀，粪中有血（患盲肠球虫时粪中血为鲜红色，患小肠球虫时为酱红色）。5 周龄前雏鸡死亡较多，以后则较少，成年病鸡无明显症状，但产蛋减少，是乌骨鸡场重要的污染源。

解剖病变主要在肠道，若患盲肠球虫则盲肠肿胀，外观呈红褐色，剪开后盲肠中有血样内容物，或混有血液的白色干酪样物，或有栓子状物。若患小肠球虫则小肠中段肠管明显变粗，外周有灰白色小斑点或出血点，剪开肠道可见黏膜肿胀，肠壁外翻，有出血点，肠内有黏液与坏死物质的混合物。

【防治措施】预防工作主要是保持舍内良好的卫生，搞好通风，保持干燥，进鸡前对乌骨鸡舍及用具严格消毒，不在舍内地面拌饲料。目前，也有使用球虫疫苗预防的。治疗该病有多种药物，如氯苯胍、盐霉素、三字球虫粉、马杜拉霉素、球痢灵、优素精等。选择其中两种药物各用一个疗程，用法、用量可参考所用药品的使用说明。

（二）住白细胞原虫病

本病也称“白冠病”。

【病原】包括卡氏住白细胞虫和沙氏住白细胞虫。

【感染途径】主要通过吸血昆虫如蚊、蚋等叮咬乌骨鸡而传播，在夏、秋季节流行。

【症状和病理变化】初期病鸡发热，精神不振，食欲下降，拉黄绿色稀粪；以后鸡冠发白，鸡冠表面有麸皮样皮屑；严重者呼吸困难、咯血；死前口中流出鲜血，血液凝固不良。生长缓慢，产蛋减少。

剖检可见尸体消瘦，血液变稀，肝脏肿大，肝表面有出血点，肠黏膜充血并偶有溃疡。

【防治措施】在夏、秋季节定期用敌杀死、蝇毒磷等药物喷洒乌骨鸡舍内外及水沟、粪场，以杀灭蚊、蝇等昆虫。复方泰灭净、可爱丹、氯胍、氯喹、盐酸二奎宁等药物都有良好的防治效果。

(三)绦虫病、蛔虫病

地面散养乌骨鸡常发生绦虫病和蛔虫病。这些肠道寄生虫会与鸡体争夺营养物质而影响乌骨鸡的生长发育和产蛋。

【病原】绦虫病的病原为乳白色、带状、节片组合型的绦虫，虫体长 5～30 厘米；蛔虫病的病原为黄白色、表皮有横纹的线虫，虫体长 2～10 厘米，如线头状。

【感染途径】乌骨鸡体内的绦虫某些节片(包含有虫卵)会随粪便排出体外，并可进入昆虫、甲壳虫及软体动物体内进一步发育，当乌骨鸡吃了这些东西后就会感染。蛔虫卵会随粪便排出，虫卵在蚯蚓、蚱蜢体内生存，当乌骨鸡吃了这种蚯蚓、蚱蜢后即被感染。气温较高、湿度偏大、地面平养时卫生状况差的情况下容易发病。

【症状和病理变化】两种病患鸡都表现为消瘦，生长不良，贫血，精神不振，食欲差；有时粪便中带有血。蛔虫病对 3 月龄以内的乌骨鸡危害较大，5 月龄以上的乌骨鸡症状多数不明显。绦虫对雏鸡为害严重，对成鸡也有较大影响。解剖病鸡可见到小肠内有寄生虫的存在，肠黏膜有出血性炎症。

【防治措施】改善环境条件，定期杀灭昆虫。治疗绦虫病可选用灭涤灵、别丁、溴氢酸槟榔素、丙硫咪唑、氯硝柳胺等；治疗蛔虫病可选用硫化二苯胺、驱蛔灵、驱虫净等药物。

(四)鸡虱

鸡虱主要发生在冬季，寄生于乌骨鸡体表会引起奇痒感觉，引起乌骨鸡的营养不良、影响其休息，进而影响其生产性能。

【病原】鸡虱为体表寄生虫，常见的有羽虱、体虱、翅虱等，以鸡毛、皮屑为食。

【感染途径】鸡虱的全部生活过程(卵→幼虫→成虫→产卵)都在乌骨鸡身上进行。有的虱爬至笼具、墙壁后也会将卵产于缝隙中，以后其幼虫可爬至乌骨鸡体上，飞鸟进入鸡舍后也会将其身上寄生的虱传播给乌骨鸡；带有虱的乌骨鸡会向周围的乌骨鸡传播鸡虱。

【症状】病鸡表现为精神不安，羽毛脱落较多，食欲下降，消瘦，生

长速度和产蛋量降低。掀开翅膀可见到翅下皮肤上爬动的虱子和附着于毛根上的卵块。

【防治措施】进乌骨鸡前应对鸡舍、设备、场地进行严格的消毒。地面散养乌骨鸡可用沙浴法(在运动场地上建一个深约10厘米的池子,每10千克沙子混1千克硫黄粉,混匀后垫入沙池让乌骨鸡自己进行沙浴。也可用中药百部混入沙中)进行治疗。

笼养乌骨鸡可用1%敌百虫溶液或0.4%溴氰菊酯溶液喷洒,喷洒时喷雾器喷头朝上从笼下向上喷以使药液能到达翅下及腹部。同时向地面、墙壁喷药。相隔7天后再喷洒1次。

十、乌骨鸡其他疾病的防治

(一)常见的营养缺乏症

【危害】根据营养素的不同,营养缺乏症可分为蛋白质(氨基酸)缺乏症、维生素缺乏症、钙和(或)磷缺乏症、微量元素缺乏症。生产中常缺乏的营养素主要有钙、磷、硒、锰、锌及维生素A、维生素D、维生素E、维生素B_1、维生素B_2、生物素、胆碱等。

营养缺乏是影响乌骨鸡健康和生产的重要原因。亚临床(轻度)缺乏时无明显的外观症状,但是会使乌骨鸡的生长速度、产蛋量及蛋的品质、抗病能力降低。

严重缺乏某种营养素时不仅会降低生产性能,还会使乌骨鸡表现相应的临床症状,甚至造成死亡。

在营养(尤其是维生素)缺乏的条件下接种疫苗往往达不到理想的免疫效果。

营养缺乏症的出现具有群发性特点,在一段时间内乌骨鸡群内会有较多的乌骨鸡出现缺乏症状,对群体生产影响很大。

营养缺乏症的早期诊断比较困难,轻度缺乏时无明显的症状和病理变化。而严重缺乏时那些神经系统或某些特殊器官受损伤后是很难治愈的。

种乌骨鸡缺乏某些营养素也会降低种蛋孵化效果和后代的抗病

力。

【原因】造成营养缺乏的根本原因在于乌骨鸡吸收的某种或某几种营养成分较少，不能满足正常的需要。其具体原因是很复杂的，归纳起来有如下几种情况：

配制饲料时不了解原料质量：不同的饲料原料其营养价值有较大的变异，若不了解原料的营养成分含量而依配方配制，当原料质量差时则会出现饲料中某些营养成分偏少，导致营养缺乏。原料掺杂使假问题在这方面的表现更突出。

饲料混合不均匀：乌骨鸡采食不均匀各种原料只有充分混合均匀才能缩小各个样品中各种营养素的差异，混合不匀就造成某些乌骨鸡吃入某种营养过多，而另一些乌骨鸡吃入同种营养偏少。采食位置不足或料槽内不断料，则会因鸡的抢食、挑食而影响营养的平衡摄入。

饲料存放不当：饲料存放时间越长，其中营养成分的损失也越多。当饲料在温度高、湿度大、与空气接触的条件下存放时，营养成分的破坏也更快。

饲料中抗营养因素的影响：如抗胰蛋白酶因子、植物凝血素、单宁、皂苷、植酸、草酸和可溶性非淀粉多糖含量偏高时，会影响饲料营养的消化和吸收。

感染肠道疾病：当乌骨鸡肠道被感染，肠黏膜出血、发炎、溃疡、增生，肠道寄生虫较多时，都会使乌骨鸡对饲料的消化吸收效率降低。

采食量下降：当乌骨鸡因为饲料形状及适口性的变化、高温应激、缺水、限制饲养等因素而使采食量下降时，其吸收的营养素量减少也会导致营养缺乏症的出现。

营养缺乏症的预防治疗是针对发生的原因采取相应的预防措施，发病后经过确诊则以向饲料或饮水中添加相应营养素的方式进行治疗。

(二)中毒性疾病

中毒性疾病包括化学药物中毒、饲料毒素中毒、有害气体中毒及某些营养素中毒。这里主要介绍前两种中毒的预防措施：

严格控制药物用量和使用期：根据药物使用剂量和时间用药，计算、称量要准确。

药物配合使用要合理：某些商品名称不同的药物其化学成分可能是相同的，这种药物共用就有可能引起中毒。有的药物混用会增加药物的毒性(如敌百虫与碱性药物混用)而致使乌骨鸡中毒。

给药方法合理：依药物使用说明使用，对于水溶性差者应拌料喂饲，混入饲料的药物一定要混合均匀。

控制饲料中药物残留：尤其是青绿饲料，凡是采自喷施过农药的地方必须在喷药 10 天后方可采用，用前应冲洗。

控制饲料毒素含量：棉仁粕中的游离棉酚、菜籽粕中的硫葡萄糖苷、发霉花生饼中的黄曲霉毒素、加热过度的鱼粉中肌胃糜烂素等，对乌骨鸡都有一定的毒性，当饲料中含量偏高时都会有中毒表现。其控制措施是：不使用发霉的饲料(包括原料)，对棉仁粕、菜籽粕进行脱毒处理，或严格控制这些原料的用量。

防止杀虫剂中毒：乌骨鸡场内经常进行药物灭鼠、灭蚊蝇工作，其中有些药物对乌骨鸡有较大的毒性，可使乌骨鸡误食中毒。

(三)啄癖的防治

乌骨鸡啄癖症是一种常见病，主要表现为啄肛、啄羽、啄趾、啄蛋、啄创伤部位等。乌骨鸡胆小怕惊，发生啄癖，轻者引起外伤或羽毛不整，重者可引起伤残、死亡、破蛋增多，还可能引发大群的应激性疾病，从而造成一些隐性的经济损失。

【病因】引起本病的因素很多，应根据其体情况具体分析，对因施治。

环境因素：主要是光线过强或光照分布不均，饲养密度过大，舍温高，通风不良，卫生条件差等。

营养因素：饲料中钙、维生素、微量元素、粗纤维和氯化钠不足、氨基酸不平衡等。

外伤：如皮肤被笼具划伤、输卵管脱垂及脱肛等会引起其他乌骨鸡的兴趣并啄叨。

外寄生虫：如鸡羽虱、螨等，导致鸡局部发痒自啄出血而引起互啄。

激素因素：即刚开产的鸡体内雌激素和孕酮含量升高，使鸡感到烦躁易引起啄羽或互啄。

【防治措施】建议乌骨鸡在2～3周龄时断喙。保证乌骨鸡有充足的采食和饮水位置，饲养密度适中，保证光线强度适宜和通风良好。在日粮中或饮水中添加1%～2%的食盐或1%的生石膏粉，连用2～3天，配合药物治疗，如加啄肛灵、啄羽灵。驱除体外寄生虫。平养鸡经常撒一些青草、青菜让其啄食，笼养鸡可以把青草、青菜放到顶网上让其啄食以转移其注意力。

第八章　乌骨鸡的选购和食用

在我国常常把乌骨鸡作为食疗、食补的重要原料。然而，乌骨鸡的补养和治病效果受很多因素的影响。在选购食材和食用过程中应掌握一些基本知识。

内容导读

乌骨鸡的选购

乌骨鸡的食补、食疗方例

一、乌骨鸡的选购

(一)根据外貌特征选择

国内正宗的乌骨鸡是丝羽乌骨鸡，具有“十全”特征(见前述)。如果选购活鸡则要认真检查是否具备这些外观特点：头顶有耸立的绒毛(凤头)、颌下有较长的绒毛(胡须)、玫瑰形鸡冠、耳叶为绿色、体表主要是绒毛(在翅膀和尾部有片羽)、有5个脚趾(五爪)、胫部外侧长有羽毛(毛脚)、皮肤及衍生物(喙、冠、肉垂、胫、趾)均为黑色(乌皮)，见图8-1至图8-6。

图8-1 凤头

图8-2 胡须

图8-3 玫瑰冠

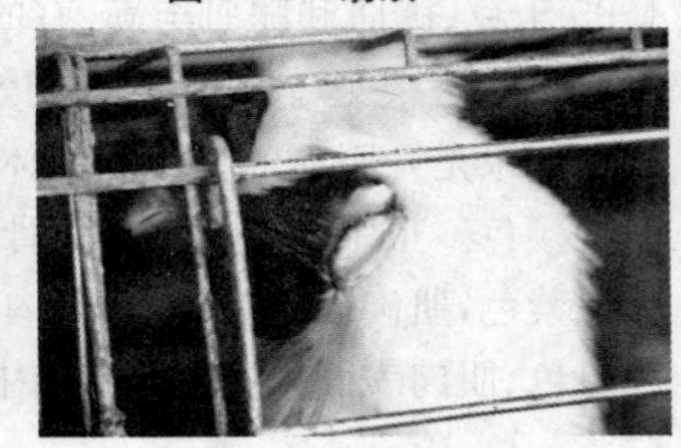

图8-4 绿耳叶

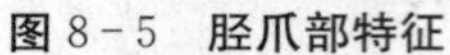

图 8-5　胫爪部特征

图 8-6　乌骨鸡屠体

对于活乌骨鸡无法确定其骨肉的颜色，可以通过观察舌头的颜色进行推断，如果舌头为乌紫色则其骨肉的颜色也比较深，如果舌头呈红色或灰白色则其骨肉的颜色也较浅（肉的颜色可能主要为肉红色稍带一些浅黑色）。

选购活乌骨鸡还要注意根据外观特点判断其健康状况。健康的活体乌骨鸡精神状态好，鸡冠表面没有灰白色皮屑，走路姿势正常，羽毛完整有光泽，肛门下羽毛干净，用手摸其胸部能够感觉其胸肌结实并比较丰满，当人员靠近或用手抓摸时反应快并躲避。如果鸡冠萎缩而且表面有灰白色皮屑、羽毛松乱且不完整、闭目呆立、站立不稳或跛脚、肛门下羽毛粘有粪便、胸部瘦骨嶙峋、胸骨弯曲，反应迟钝等，这样的鸡多是有病的个体。

（二）根据屠体特征选购

正宗丝羽乌骨鸡的体型小、体重轻、胸肌不发达。通常饲养 4 个月（120 日龄）的丝羽乌骨鸡母鸡的活体重量 1.2～1.6 千克，去内脏后的屠体重量 0.85～1.2 千克。如果出售的乌骨鸡屠体重量大于 1.35 千克、胸肌和腿肌丰满、有的个体鸡冠为单冠，那么这些乌骨鸡很有可能是杂交乌骨鸡，其药用效果不佳。

如果是开膛后的乌骨鸡屠体，还可以观察其内脏、腹部脂肪、鸡肉的颜色。正宗的丝羽乌骨鸡骨膜黑亮、骨质也发黑，内脏和脂肪均为黑紫色，肌肉表面为黑色、肌内也有黑色肌膜。杂交乌骨鸡骨膜为浅黑色、肌肉表面黑中泛红、肌内较少看的黑色肌膜，内脏颜色浅黑色。

二、乌骨鸡的食补、食疗方例

根据有关资料介绍的乌骨鸡食补、食疗方例，摘录如下，以供参考。这些方例在药用的时候要考虑自身的身体状态，选用相应的乌骨鸡食疗食补方例，尤其是要注意选择搭配的中草药。如果使用前向当地的中医进行咨询，则能够更好地发挥乌骨鸡的食疗食补作用。

乌骨鸡作为我国传统的食疗食补原料，一般都是炖汤食用。

方例 1：杜仲炖乌骨鸡。乌骨鸡肉 200 克、杜仲 10～15 克、山药 20 克，将杜仲、山药用纱布包好，用砂锅炖熟，取出药袋，食肉饮汤，分两次用完。本方补肾、强筋骨、健腰腿，治双足痿软无力、阳痿、尿频等症。

方例 2：参芪炖乌骨鸡。乌骨鸡肉 250 克，黄芪与党参各 20 克，当归 10 克，枸杞 15 克，将中药用纱布包好与乌骨鸡肉放入砂锅中炖熟，取出药袋，食肉饮汤，分两次食完。本方养气活血、滋肝补肾、调经止带，适于妇女产后贫血、乳汁少。

图 8－7　参芪炖乌骨鸡

方例 3：虫草乌骨鸡汤。乌骨鸡肉 150 克，冬虫夏草 10 克，山药 20 克，入砂煲中炖汤食用；或用乌骨鸡 1 只，用砂煲炖熟，分两次食完，连食数只。本方补精气、益脾胃、滋肝肾、疗虚损、强身健体，治疗一切虚损症均有良好的疗效。

方例4:莲肉炖乌骨鸡。乌骨鸡1只,去毛及内脏,装莲子与糯米各25克,胡椒5克于鸡腹内用砂煲炖熟,空腹食用。本方治肾虚所致的赤白带下、遗精、白浊,有补肾、固精、止带的作用。

方例5:乌骨鸡大枣粥。乌骨鸡肉150克,大枣10～15枚,大米100克,精盐适量。将乌骨鸡肉洗净,切成碎末;大枣、大米洗净。将乌骨鸡肉与大枣、大米一同放入锅中,加入清水适量,上大火烧开,改用小火熬成粥,调入少许精盐即成。每日早晚温服。本粥具有养血止血、健脾补中的功效。适用于气血津液不足、营卫不和、心悸怔忡、脾虚便溏、产后或久病血虚体弱等症。

方例6:鹿茸炖乌骨鸡汤。乌骨鸡250克、鹿茸10克。将乌骨鸡洗净,切块,与鹿茸一齐置炖盅内。加开水适量,文火隔水炖熟,调味服食。功效:温宫补肾,益精养血。适用于宫冷、肾虚精衰不孕者,症见婚久不孕,月经不调,经血色淡量少,小腹冷感,腰酸无力等。

方例7:枸杞红枣乌骨鸡汤。乌骨鸡250克、枸杞15克,红枣10个,生姜10克。将乌骨鸡洗净,放入沸水中滚5分,捞起,用水洗净,沥干;枸杞、红枣和生姜用水洗净。红枣去核;刮去姜皮,切2片;煲内加入清水,猛火烧开,然后放入以上材料,再开,改用中火煲2～3小时即可。适应证:男性弱精子症、少精子症、勃起功能障碍、平时容易疲乏。

图8-8 枸杞红枣乌骨鸡汤

方例8:归芪乌骨鸡汤。乌骨鸡肉250克,当归10克,黄芪30

克。将乌骨鸡洗净，放入沸水中滚 5 分，捞起，用水洗净，沥干；当归、黄芪用水洗净；煲内加入清水，猛火烧开，然后放入以上材料，再开，改用中火煲 2～3 小时即可。适应证：男性勃起功能障碍、平时容易疲乏。

方例 9：参芪乌骨鸡汤。绿壳蛋乌骨鸡肉 200 克，党参 30 克，黄芪 15 克。将党参、黄芪洗净，鸡肉洗净，切小块。把全部用料一起放入炖盅内，加开水适量，炖盅加盖，文火隔水炖 3 小时，调味即可，随量食用。功效：补益气血。适应证：恶露不绝属气虚者，或血虚弱不能濡养肢体而致的产后身痛、腹痛者。症见产后恶露逾期不止，色淡，质稀，伴头晕眼花，失眠心悸，关节酸痛，小腹绵绵而痛，舌淡红苔薄白。

方例 10：北芪蒸鸡。乌骨鸡肉 250～500 克切块，北芪 30～50 克，食盐、水适量同蒸熟食用。有养阴益气，补脾生血作用。适用于精神疲倦，血虚头晕，气虚脱肛，以及妇女月经不调，白带过多，子宫脱垂等症。

方例 11：乌骨鸡肉 250～300 克，仙茅 10～12 克，金樱子 11 克，将鸡肉洗净切块，与仙茅、金樱子共炖，鸡肉熟烂后，即可饮汤食鸡肉。炖肉时不要多放食盐，不宜用铁锅。适于补肾壮阳，敛精止遗，对肾阳虚所致的尿频、尿多、阳痿、滑精等有疗效。

方例 12：黑凤母鸡 1 只，田七 15 克，枸杞 10 克，桂圆肉 15 个，红枣 10 个。将田七用温水浸泡一夜切成薄片，洗净枸杞、红枣和桂圆肉并一起放入宰杀理净的鸡腹内。装入瓷盆，旺火隔水蒸至熟烂即可食用。本方具有活血祛风、壮筋骨、补气血之功。产妇食后，能修补产道损伤，止痛止血；老年人食后，有强壮筋骨、聪耳明目、驻颜养血之功效。

方例 13：用雄乌骨鸡，配人参、黄芪、当归、白术、生地黄、熟地黄等炖服，可治虚劳寒热、肌肉消瘦、四肢倦怠、五心烦热、咽干颊赤、心祛潮热、盗汗减食、咳嗽带脓血等。

方例 14：用乌骨鸡 1 只，配茴香、良姜、红豆、陈皮、白姜、花椒、食盐适量，同煮熟，可治噤口痢、因涩药太过伤胃、闻食口闭、四肢逆冷等。

方例 15：用乌骨鸡 1 只，洗净，取豆蔻 50 克，草果 2 枚，烧灰存性，掺入鸡腹内，扎定煮熟，空腹食之，可治脾胃滑泄。

方例 16：以乌骨鸡为主药，配以杜仲、六月雪等药，同煮烂，食鸡肉饮汤，可治疗慢性肾炎。

方例 17：用乌骨鸡 1 只，白果、莲肉、江米各 25 克，胡椒 5 克为末，装入鸡腹，煮熟空腹食之。用以治妇女赤白带下。

方例 18：乌骨鸡 1 只，宰杀时从肛门开口取出内脏，洗净，将熟地黄、白芍、当归、知母、地骨皮各 10 克塞入鸡腹内，缝合切口，加适量食盐、水。蒸熟食用。可治气血虚弱引起的潮热，盗汗，月经不调等症。

方例 19：乌骨鸡 1 只，宰杀时从肛门开口取出内脏，将莲子肉、糯米各 25 克，胡椒粉 3 克塞入鸡腹内，缝合切口，煮熟，空腹服食，适用于肾虚所致的赤白带下，遗精、白浊。

方例 20：乌骨鸡 1 只，宰杀时从肛门处开口取出内脏，将党参 30 克，茯苓、白术各 15 克，蔻仁、生姜各 10 克，砂仁 3 克塞于鸡腹内，缝合切口，煮熟后去药食用。有健脾止泻作用，适用于脾虚泄泻，消化不良等症。

方例 21：乌骨鸡肉 150 克，丝瓜 100 克，鸡内金 10 克，同煮汤，加适量食盐调味食用。适用于血虚经闭。